职业教育烹饪（餐饮）类专业"以工作过程为导向"
课程改革"纸数一体化"系列精品教材

活页式教材

JINGPAI CHUANGYI MIANDIAN

京派创意面点

主 编 ◇ 牛京刚 董振祥 王春耕

教学视频

电子课件

任务检测

华中科技大学出版社
http://press.hust.edu.cn

职业教育烹饪（餐饮）类专业"以工作过程为导向"
课程改革"纸数一体化"系列精品教材

JINGPAI CHUANGYI MIANDIAN

京派创意面点

主　编　牛京刚　董振祥　王春耕

副主编　向　军　王　辰　郑会锋　刘文吉　刘新云

参　编　李　寅　刘　龙　史德杰　贾亚东　李　蕊
　　　　孙金月

华中科技大学出版社
http://press.hust.edu.cn
中国·武汉

内 容 简 介

本教材是职业教育烹饪(餐饮)类专业"以工作过程为导向"课程改革"纸数一体化"系列精品教材。

本教材共 4 个学习单元,内容包括水调面团制品、膨松面团制品、油酥面团制品和杂粮面团及米类制品。

本教材可供职业教育餐饮类专业学生使用,也可用于劳动职业技能资格培训和相关企业培训。

图书在版编目(CIP)数据

京派创意面点/牛京刚,董振祥,王春耕主编.—武汉:华中科技大学出版社,2022.10
ISBN 978-7-5680-8884-8

Ⅰ. ①京… Ⅱ. ①牛… ②董… ③王… Ⅲ. ①面食-制作-北京-中等专业学校-教材 Ⅳ. ①TS972.132

中国版本图书馆 CIP 数据核字(2022)第 215909 号

京派创意面点
Jingpai Chuangyi Miandian

牛京刚　董振祥　王春耕　主编

策划编辑:汪飒婷
责任编辑:汪飒婷　李艳艳
封面设计:原色设计
责任校对:张会军
责任监印:周治超
出版发行:华中科技大学出版社(中国·武汉)　　电话:(027)81321913
　　　　　武汉市东湖新技术开发区华工科技园　　邮编:430223
录　　排:华中科技大学惠友文印中心
印　　刷:武汉科源印刷设计有限公司
开　　本:889mm×1194mm　1/16
印　　张:17.5
字　　数:405 千字
版　　次:2022 年 10 月第 1 版第 1 次印刷
定　　价:69.80 元

职业教育烹饪（餐饮）类专业"以工作过程为导向"
课程改革"纸数一体化"系列精品教材

编委会

主任委员

郭延峰　北京市劲松职业高中校长

董振祥　大董餐饮投资有限公司董事长

副主任委员

刘雪峰　山东省城市服务技师学院中餐学院院长

刘铁锁　北京市延庆区第一职业学校校长

刘慧金　北京新城职业学校校长

赵　军　唐山市第一职业中专校长

李雪梅　张家口市职业技术教育中心校长

杨兴福　禄劝彝族苗族自治县职业高级中学校长

刘新云　大董餐饮投资有限公司人力资源总监

委　员

王为民　张晶京　范春玥　杨　辉　魏春龙

赵　静　向　军　刘寿华　吴玉忠　王蛰明

陈　清　侯广旭　罗睿欣　单　蕊

　　职业教育作为一种类型教育,其本质特征诚如我国职业教育界学者姜大源教授提出的"跨界论":职业教育是一种跨越职场和学场的"跨界"教育。

　　习近平总书记在十九大报告中指出,要"完善职业教育和培训体系,深化产教融合、校企合作",为职业教育的改革发展提出了明确要求。按照职业教育"五个对接"的要求,即专业与产业、职业岗位对接,专业课程内容与职业标准对接,教学过程与生产过程对接,学历证书与职业资格证书对接,职业教育与终身学习对接,深化人才培养模式改革,完善专业课程体系,是职业教育发展的应然之路。

　　国务院印发的《国家职业教育改革实施方案》(国发〔2019〕4 号)中强调,要借鉴"双元制"等模式,校企共同研究制定人才培养方案,及时将新技术、新工艺、新规范纳入教学标准和教学内容,建设一大批校企"双元"合作开发的国家规划教材,倡导使用新型活页式、工作手册式教材并配套开发信息化资源。

　　北京市劲松职业高中贯彻落实国家职业教育改革发展的方针和要求,与大董餐饮投资有限公司及 20 余家星级酒店深度合作,并联合北京、山东、河北等一批兄弟院校,历时两年,共同编写完成了这套"职业教育烹饪(餐饮)类专业'以工作过程为导向'课程改革'纸数一体化'系列精品教材"。教材编写经历了行业企业调研、人才培养方案修订、课程体系重构、课程标准修订、课程内容丰富与完善、数字资源开发与建设几个过程。其间,以北京市劲松职业高中为首的编写团队在十余年"以工作过程为导向"的课程改革基础上,根据行业新技术、新工艺、新标准以及职业教育新形势、新要求、新特点,以"跨界""整合"为学理支撑,产教深度融合,校企密切合作,审纲、审稿、论证、修改、完善,最终形成了本套教材。在编写过程中,编委会一直坚持科研引领,2018 年12 月,"中餐烹饪专业'三级融合'综合实训项目体系开发与实践"获得国家级教学成果奖二等奖,以培养综合职业能力为目标的"综合实训"项目在中餐烹饪、西餐烹饪、高星级酒店运营与管理专业的专业核心课程中均有体现。凸显"跨界""整合"特征的《烹饪语文》《烹饪数学》《中餐烹饪英语》《烹饪体育》等系列公共基础课职业模块教材是本套教材的另一特色和亮点。大董餐饮投资有限公司主持编写的相关教材,更是让本套教材锦上添花。

本套教材在课程开发基础上,立足于烹饪(餐饮)类复合型、创新型人才培养,以就业为导向,以学生为主体,注重"做中学""做中教",主要体现了以下特色。

1. 依据现代烹饪行业岗位能力要求,开发课程体系

遵循"以工作过程为导向"的课程改革理念,按照现代烹饪岗位能力要求,确定典型工作任务,并在此基础上对实际工作任务和内容进行教学化处理、加工与转化,开发出基于工作过程的理实一体化课程体系,让学生在真实的工作环境中,习得知识,掌握技能,培养综合职业能力。

2. 按照工作过程系统化的课程开发方法,设置学习单元

根据工作过程系统化的课程开发方法,以职业能力为主线,以岗位典型工作任务或案例为载体,按照由易到难、由基础到综合的逻辑顺序设置三个以上学习单元,体现了学习内容序化的系统性。

3. 对接现代烹饪行业和企业的职业标准,确定评价标准

针对现代烹饪行业的人才需求,融入现代烹饪企业岗位工作要求,对接行业和企业标准,培养学生的实际工作能力。在理实一体教学层面,夯实学生技能基础。在学习成果评价方面,融合烹饪职业技能鉴定标准,强化综合职业能力培养与评价。

4. 适应"互联网+"时代特点,开发活页式"纸数一体化"教材

专业核心课程的教材按新型活页式、工作手册式设计,图文并茂,并配套开发了整套数字资源,如关键技能操作视频、微课、课件、试题及相关拓展知识等,学生扫二维码即可自主学习。活页式及"纸数一体化"设计符合新时期学生学习特点。

本套教材不仅适合于职业院校餐饮类专业教学使用,还适用于相关社会职业技能培训。数字资源既可用于学生自学,还可用于教师教学。

本套教材是深度产教融合、校企合作的产物,是十余年"以工作过程为导向"的课程改革成果,是新时期职教复合型、创新型人才培养的重要载体。教材凝聚了众多行业企业专家、一线高技能人才、具有丰富教学经验的教师及各学校领导的心血。教材的出版必将极大地丰富北京市劲松职业高中餐饮服务特色高水平骨干专业群及大董餐饮文化学院建设内涵,提升专业群建设品质,也必将为其他兄弟院校的专业建设及人才培养提供重要支撑,同时,本套教材也是对落实国家"三教"改革要求的积极探索,教材中的不足之处还请各位专家、同仁批评指正!我们也将在使用中不断总结、改进,期待本套教材能产生良好的育人效果。

职业教育烹饪(餐饮)类专业"以工作过程为导向"课程改革

"纸数一体化"系列精品教材编委会

根据《国家中长期教育改革和发展规划纲要(2010—2020)》《国家职业教育改革实施方案》的要求,遵循以工作过程为导向的课程改革理念,以中餐烹饪专业人才培养方案和核心课程标准为依据,结合课程改革实验项目新课程实施情况,《京派创意面点》由校企合作编写完成。面点课程是中餐烹饪专业核心课程,该课程是由面点加工、制作、摆盘、装饰等典型职业活动直接转换成的课程,是按岗位任务要求展开的。根据面点典型职业活动,以工作任务为载体,确定了 4 个学习单元:水调面团制品、膨松面团制品、油酥面团制品和杂粮面团及米类制品。前两个学习单元均由 11 个任务组成,第三和第四单元均由 10 个任务组成。任务编排的原则是由易到难,循序渐进,涵盖了单元的全部教学目标。每个任务的编排共分为 6 个环节:任务描述、相关知识、制作准备、制作过程、评价标准、拓展任务。在学习知识、训练技能的同时,注重对方法能力和社会能力的培养。

本教材突出体现了以下特色:第一,教材突破过去以技能为主线的编写方式,以任务为载体,按任务由简到繁进行排列,将技能学习的规律分别整合在任务中。学生在学习过程中,完成任务的同时,关键技能和综合职业能力也得到了训练。第二,教材内容注意与餐饮企业接轨,以企业的需求为教学目标,内容来自企业真实的工作任务,吸纳了餐饮企业的新知识、新技术、新工艺、新方法。企业技术人员与专业教师对烹饪经验的总结与提升融在教材内容中,能让学生在学习中事半功倍。教材注意与职业技能鉴定的内容相衔接,体现了面点岗位的新要求。第三,教材在实现知识巩固、技能掌握的同时,强调对方法能力和社会能力的培养,有助于学生综合职业素养的提升。例如,在制作过程环节,本教材不仅按工作流程给出规范操作,还阐述其中的原理,并结合工作实际提示关键技能。第四,图文并茂,教学资源丰富,育人功能凸显。本教材图文并茂,每个任务都配套制作了技能操作视频、PPT 及检测题,建设了线上精品课程,适合开展混合式教学。此外,本教材结合工作任务,引入面点知识,增加了学生面点理论的积淀,引导学生树立文化自信,为学生未来发展奠定了基础。本教材是北京市"以工作过程为导向"的专业课程改革中餐烹饪专业核心课程教材,适用于所有开设该专业的中等职业学校。本教材在编写过程中,学习目标涵盖了专业课程目标、劳动职业技能资格考试标准及全国职业院校技能大赛标准。因此,本教材可用于劳动职业技能资格培训和相关企业培训。本教材编写团队实力雄厚,由行业专家北京饭店面点大师王春耕、王造柱,京西宾馆王素明,北京民族饭店赵会连,大董餐饮投资有限公司面点研发部厨师长郑会锋指导编写,主编牛京刚是北京市劲松职业高中高级讲师、中烹高级技师、中国烹饪大师、中国餐饮 30 年杰出人物、北京市首届"朝阳工匠"、首都劳动奖章获得者、全国烹饪大赛评委、劳动职业技能鉴定裁判、北京市职业院校专业带头人,北京电视台《食全食美》表演大厨,副主编向军是正高级讲师、全国模范教师、中烹高级技师、中国烹饪大师。本教材在编写过程中还得到了北京市课改专家杨文尧、北京烹饪协会会长云程、北京瑜舍酒店行政总厨李冬、世界中餐业联合会国际中餐名厨专业委员会副主席屈浩的精心指导,在此深表谢意。

鉴于编者水平有限,本教材中遗漏和欠妥之处在所难免,真诚希望读者批评指正。

编 者

中国面点有苏式面点、广式面点、川式面点、京式面点四大流派,其中京式面点是中国面点的重要流派之一。北京曾为六朝古都,历史悠久,一直是全国的政治、经济、文化中心,人文荟萃、商贾聚集,各种文化相互交融,更促成了京式面点的多元化,逐渐形成了京式面点的独特风格。

一、京式面点的形成

1. 京式面点具有悠久的历史

北京早在战国时期,就是燕国的都城,又曾是金朝的中都,此后又成为元、明、清三个封建王朝的京都。因此,京式面点处处体现出"精":选料精良、制作精细、造型精美、口味精妙。尤其是宫廷面点和官府面点,更是促进了烹饪技艺的发展和提高。在元代京式面点就已经非常著名。据考证,元代就有馅饼、仓馒头、炒黄面等食品。清代北京有面条、馄饨、饺子、河漏、饽饽、烧卖等。每一种面点中又可分出若干品种,据统计超 200 种。

2. 京式面点具有很强的地域特色

北京物产丰富,在原料选择上,京式面点以面粉为主,多种原料为辅。面团调制种类繁多,讲究筋道、爽滑。馅心调味讲究以咸鲜为主,肉馅多用水打馅,并常用姜、葱、黄酱、芝麻酱等调味品,形成了北方地区的独特风味。

3. 京式面点具有鲜明的融合性

京式面点既有汉族风味,又有回族、满族风味。而汉族风味中,既有北京当地的风味,又融合有山东风味、山西风味、江南风味等。此外,汉族风味和少数民族风味还常交融在一起,形成新的风味,这也是京式面点与其他风味面点最大的区别。

4. 京式面点的发展需要标准化、规模化

京式面点经过长时间不断地优胜劣汰,才逐渐享有当今的盛名,只是制作上仍然十分依赖经验与手工,在市场变化迅速的今天,这一特点反而影响了京式面点的发展。不可否认,主要靠经验和手工操作的传统工艺有其独特的优势,色香味面面俱全,但在市场竞争中却是一大劣势。如今人力成本提高，市场迅速扩张，面点和小吃仍属于休闲零食，在消费水平相对较低的市场，要维持较为实惠的销售价格并跟上市场规模的扩张，只有用标准化来降低人力成本，并进一步达到规模化，以适应商业社会市场经济的规律。

5. 京式面点善用新材料、新工艺、新方法

京式传统面点及小吃，主要选用粉状的米面原料制成小吃皮料，再包入馅心而成，如元宵类、包子类、馄饨类、饺子类等。这些类型的面点及小吃在原料素材少且加工技术、设备不发达的早期，大多以原料本色为主，制成皮料生坯，而现今有多样的原料素材和加工技术、设备，可制作多种菜汁、水果汁、蛋奶汁，若加入皮料生坯，就会改变这些面点及小吃的外观颜色，甚至口感、滋味，也会提高产品的营养多样性。如使用榨汁机取得绿色或黄色的蔬菜汁加入面团中制成抄手皮，包入馅心制熟后，这天然的绿色、黄色抄手，不仅迎合人们求新求变的消费心理，更符合健康的理念。又如将胡萝卜汁加入元宵粉中做成胭脂元宵等，将蛋黄粉、可可粉、牛奶、椰浆加入发面内，制成巧克力馒头、蛋黄馒头、椰香馒头等。皮料色彩的简单改变，让传统面点及小吃瞬间成为赏心悦目的新美食。

6. 京式面点擅长引进移植，博采众长

随着北京的高速发展，北京的面点及小吃市场不再局限于北京或特定区域，北京面点及小吃的创新，势必要走引进移植、博采众长的变通之路，才能适应全国，甚至是全世界的味蕾。引进移植、博采众长就是借他人之长，补己之短，即借鉴、模仿，以改变风味或提高效率。当今餐饮业发展快速、辐射范围广阔，粤式点心、西式点心大量进入北京人的饮食生活中，实际上也为北京的面点师带来了大好学习机会。举例来说，可将广式虾饺改变调味，制成鲜虾瓦楞卷，西式蛋挞馅料可用鲜奶酪替换。然而成功的关键，绝对是引进后一定要能与饮食传统、文化相融，才能形成特色，否则只是跟风复制而已。

二、京式面点的特色

在长期的发展过程中，京式面点形成了自己的特色，主要包括以下几个方面。

1. 用料广博

北京属温带季风性气候，四季分明，农产品出产丰富，近郊平原以蔬菜为主，远郊平原以粮食和经济作物为主，山区盛产干鲜果品，各种米、麦、豆、黍、粟、肉、蛋、奶、果、蔬等应时而出。这些都为京式面点提供了良好的物质保证。此外，京式面点选料精细，如选用京东八县的绿豆和密云银野岭的大红袍山楂，做切糕得用密云小枣等。

2. 制作精细

京式面点成形方法多样，包括擀、卷、抻、切、捏、叠、摊、包、粘等；成熟方法多样，包括蒸、煮、煎、炸、烤、烙、爆、涮、烩等。多种技法的运用，使得京式面点花样繁多、造型别致，如麻酱火烧咬一口能看见20多层芝麻酱与白面均匀相间的薄层；小窝头上尖下圆，小巧玲珑，看上去像金色的小宝塔；龙须面经过调团、遛条和十余次的搭扣抻拉，将面团排成近万根细如发丝、不断不乱的面条，堪称绝技。

3. 风味多样

首先,北京多民族聚居的特性带来了不同民族的风味面点,多民族交流的过程中又促进了新风味的形成。京式面点吸收了各民族面点的精华,具有鲜明的民族性。其次,京式面点吸收了华北地区、东北地区等的风味面点特色,又受到宫廷面点和粤式点心的影响,具有很强的融合性。

4. 应时应点

京式面点常随时令变换品种,不同的季节有不同的吃食。如春季吃春饼、豌豆黄,夏季吃冷淘面,秋季吃栗子糕、蟹肉烧卖,冬季吃盆糕等。不同的节日也有特定的不同的吃食,如除夕夜守岁吃饺子、元宵节吃元宵等。

牛京刚

数字资源清单(教学视频)

第一单元			
名称	页码	名称	页码
京酱肉丝酥饼面团揉制成形	20	三色手擀面面团和制	36
京酱肉丝酥饼剂子泡油	20	三色手擀面面条擀制手法	36
京酱肉丝酥饼揪剂	21	三色手擀面切制成形	36
京酱肉丝酥饼抻制面皮要薄如纸	21	馓子麻花和面过程	42
京酱肉丝酥饼翻面刷油煎至两面金黄再烤	21	馓子麻花搓条过程	42
冰花锅贴和制面团	26	馓子麻花揪剂	42
冰花锅贴上馅包制成形	26	馓子麻花成形过程	43
冰花锅贴烙制过程	26	脆麻花成形手法	47
四色烧卖和制绿色面团	31	脆麻花炸制过程	47
四色烧卖四色面揉搓成条	31	双色龙须面抻龙须面溜条	52
四色烧卖揪剂	31	双色龙须面抻龙须面出条	52
四色烧卖按扁剂子	32	三色珍珠馓子搓条过程	57
四色烧卖面皮擀制,包馅成形	32	三色珍珠馓子炸制过程	58

第二单元			
名称	页码	名称	页码
棋子麻酱烧饼擀制面皮过程	76	象形面点黄金杏成形过程	97
棋子麻酱烧饼卷制面坯过程	76	象形面点黄金杏上色过程	97
棋子麻酱烧饼包制烧饼成形手法	76	象形面点土豆土豆包成形手法	107
太极萨其马和制黄色面团	81	象形面点土豆点入可可粉	107
太极萨其马和制黑色面团	81	象形面点青苹果原料介绍	111
太极萨其马擀制面皮	81	象形面点青苹果和面过程	111
太极萨其马熬制蜜汁	82	象形面点青苹果苹果蒂的制作	111
太极萨其马淋入蜜汁	82	象形面点青苹果象形苹果成形	111
太极萨其马压模成形	82	象形面点红富士成形过程	116
双色宫保鸡丁包成形手法	87	象形面点红富士上色过程	116

第三单元			
名称	页码	名称	页码
象形柿子酥柿子成形手法	124	枣泥梅花酥干油酥和制	157
象形柿子酥柿子尖	124	枣泥梅花酥开酥过程	157
象形柿子酥柿子蒂的制作	124	枣泥梅花酥成形过程	157
象形核桃酥原料介绍	136	鲜花玫瑰饼开酥过程	162
象形核桃酥核桃酥成形1	136	鲜花玫瑰饼上馅包制过程	163
象形核桃酥核桃酥成形2	136	螃蟹酥和制水油皮	169
象形核桃酥核桃酥成形3	136	螃蟹酥水油皮包干油酥	169
鹌蛋千层酥和制干油酥	143	螃蟹酥面皮叠两个"三"	169
鹌蛋千层酥和制水油皮	143	螃蟹酥用模具压出形状	169
鹌蛋千层酥用模具压出面坯	144	螃蟹酥刷全蛋液	169
鹌蛋千层酥开酥过程	144	萝卜丝酥介绍原料及和制水油皮	174
鹌蛋千层酥刷全蛋液	145	萝卜丝酥擀制干油酥	174
鹌蛋千层酥烤制过程	145	萝卜丝酥擀酥过程	174
鹌蛋千层酥放入馅心	145	萝卜丝酥上馅包制过程	175
佛手酥水油皮和制	151	象形小萝卜酥开酥过程	180
佛手酥干油酥和制	151	象形小萝卜酥包制过程	180
佛手酥开酥过程	151	象形小萝卜酥成形过程	180
佛手酥成形过程	152	象形小萝卜酥炸制过程	181
枣泥梅花酥水油皮和制	157		

第四单元			
名称	页码	名称	页码
桂汁山药寿桃蒸熟山药碾成泥	188	桂花米糕蒸制成形过程	221
桂汁山药寿桃烫澄面	188	船点天鹅、兔子、大虾捏荷叶成形手法	233
桂汁山药寿桃熟澄面与山药泥混合和制过程	188	船点天鹅、兔子、大虾捏天鹅成形手法	233
桂汁山药寿桃馅料搓球	188	船点天鹅、兔子、大虾捏兔子成形手法	234
桂汁山药寿桃包入馅料、成形	188	船点天鹅、兔子、大虾捏胡萝卜成形手法	234
桂汁山药寿桃寿桃上色	188	船点天鹅、兔子、大虾捏大虾成形手法	235
柿饼豌豆黄成形过程	200	翡翠白菜原料介绍	240
双色绿豆糕玫瑰绿豆糕成形	205	翡翠白菜白菜叶脉成形	240
双色绿豆糕抹茶绿豆糕成形	205	翡翠白菜绿色面团和制	240
黄米面炸糕成形手法	215	翡翠白菜白菜成形	240
桂花米糕成形过程	220		

注：本书每个任务都配备课件和参考答案，详见正文。

• 1　　　第一单元　水调面团制品

• 3/1-1-1　　任务一　葱花饼
• 8/1-2-1　　任务二　芝士肉饼
• 13/1-3-1　　任务三　京东肉饼
• 18/1-4-1　　任务四　京酱肉丝酥饼
• 24/1-5-1　　任务五　冰花锅贴
• 29/1-6-1　　任务六　四色烧卖
• 34/1-7-1　　任务七　三色手擀面
• 40/1-8-1　　任务八　馓子麻花
• 45/1-9-1　　任务九　脆麻花
• 50/1-10-1　　任务十　双色龙须面
• 55/1-11-1　　任务十一　三色珍珠馓子

• 61　　　第二单元　膨松面团制品

• 63/2-1-1　　任务一　红糖油饼
• 68/2-2-1　　任务二　夹心油条
• 73/2-3-1　　任务三　棋子麻酱烧饼
• 79/2-4-1　　任务四　太极萨其马
• 84/2-5-1　　任务五　双色宫保鸡丁包
• 89/2-6-1　　任务六　枣泥寿桃
• 95/2-7-1　　任务七　象形面点黄金杏
• 100/2-8-1　　任务八　象形面点橘子
• 105/2-9-1　　任务九　象形面点土豆
• 109/2-10-1　　任务十　象形面点青苹果
• 114/2-11-1　　任务十一　象形面点红富士

目录
CONTENTS

Note

第三单元　油酥面团制品　　119

任务一　象形柿子酥　　121/3-1-1

任务二　莲蓉绿茶酥　　127/3-2-1

任务三　象形核桃酥　　133/3-3-1

任务四　鹌蛋千层酥　　141/3-4-1

任务五　佛手酥　　148/3-5-1

任务六　枣泥梅花酥　　154/3-6-1

任务七　鲜花玫瑰饼　　160/3-7-1

任务八　螃蟹酥　　166/3-8-1

任务九　萝卜丝酥　　172/3-9-1

任务十　象形小萝卜酥　　178/3-10-1

第四单元　杂粮面团及米类制品　　183

任务一　桂汁山药寿桃　　185/4-1-1

任务二　奶酪青团　　191/4-2-1

任务三　柿饼豌豆黄　　197/4-3-1

任务四　双色绿豆糕　　203/4-4-1

任务五　老北京铜锣烧　　208/4-5-1

任务六　黄米面炸糕　　213/4-6-1

任务七　桂花米糕　　218/4-7-1

任务八　鲜虾瓦楞卷　　224/4-8-1

任务九　船点天鹅、兔子、大虾　　231/4-9-1

任务十　翡翠白菜　　238/4-10-1

附录　京派创意面点装饰花　　243

Note

第一单元
水调面团制品

学习导读

学习内容

本单元的主要学习内容是围绕京派创意面点中的水调面团制品来展开的。单元中的任务简介融入了现代面点厨房的岗位工作要求及行业标准,培养学生在现代面点厨房中的实际工作能力。每个任务都从任务描述、相关知识、成品标准、制作准备、制作过程、营养成分分析、任务检测、评价标准、拓展任务等方面详细介绍,体现了理实一体化,并以工作过程为主线,夯实学生的技能基础。在学习成果评价方面,融入面点职业技能的评价标准,并设置任务检测与拓展任务环节,能够全面检验学生的学习效果。

水调面团的类型、特点及用法表

面团类型	调制水温	成团原理	面点特点	用法举例
冷水面团	30 ℃左右的水温	蛋白质膨胀作用	色白,筋力强,富有弹性、韧性、延伸性	三色手擀面
温水面团	60～80 ℃的水温	蛋白质膨胀作用、淀粉糊化作用	色白,有一定筋力,可塑性良好	芝士肉饼
热水面团	80 ℃以上的水温	蛋白质膨胀作用、淀粉糊化作用	色白,有一定筋力,可塑性良好	冰花锅贴
沸水面团	100 ℃的沸水(锅内)	淀粉糊化作用	色暗,黏糯,无筋力,可塑性好	四色烧卖

本单元由 11 个任务组成,其中任务一至四是训练京派创意面点水调面团中和面的饼类制作,突出强调创新理念,注重训练揣、揉、包、擀等手法,拓展任务是盘丝饼、褡裢火烧、芝麻糖饼、牛肉焦饼;任务五、六是着重训练京派创意面点水调面团中的烫面类制品,训练手法为搅、压、擀、搓、包、卷等,拓展任务是牛肉焦饼、三鲜煎饺、翡翠烧卖;任务七是着重训练京派创意面点水调面团中的擀面手法,拓展任务是兰州拉面;任务八到十一是训练京派创意面点水调面团中的特殊成形手法,注重训练揣、揉、搓、盘、绕、抻等手法,拓展任务是奶油麻花、老北京糖耳朵、麻辣小面、油炸馓子。

任务一　葱花饼

扫码看课件

一、任务描述

内容描述

葱花饼是南北各地流行的一种风味家常面食,备受老百姓欢迎。在面点厨房中,利用面粉和冷水调制成较软的面团,采用揣、压、擀、搓、包等手法,用葱油让饼分层,其烹饪制作简单,外脆里嫩,葱香浓郁。其做法是将葱切碎与盐、油拌匀,将剂子按扁,擀成薄片,加上葱油,卷起,由两头拧挤起来,按扁,擀薄,刷油,平锅烙熟即可。

学习目标

(1) 了解水调面团的种类及特征。

(2) 能够利用水调面团中的半烫面,调制水调面团。

(3) 能够按照制作流程,在规定时间内完成葱花饼的制作。

(4) 培养学生良好的卫生习惯,并遵守行业规范。

二、相关知识

❶ 水调面团的定义

水调面团,是指面粉掺水(有些加入少量调料,如盐、纯碱等)所调制成的面团,餐饮业也称为"死面""水面"或"呆面"。水调面团可分为冷水面团、温水面团、热水面团和沸水面团。

❷ 葱花饼的制作关键

(1) 将面粉倒入一个大盆,先放入 1 小勺盐,用筷子搅拌均匀,增加面粉的筋性。接着准备一碗沸水,三分之一的面粉用沸水和面,另外三分之二的面粉用温水和面,一边倒水,一边搅拌,直至搅拌成絮状。这样和出来的面,吸水更多,面更柔软,做出来的饼更加柔软酥脆。接着再放入适量的食用油,用手开始揉面,揉成一个光滑的面团。盖上保鲜膜,松弛 30 min。

(2) 熬制葱油,准备 200 g 大葱,2 个八角(增香),先起锅把油烧热,然后把切段的大葱和八角一起放进去爆香直至大葱变色,再把大葱和八角捞出来丢掉,等油稍微凉些时再放入少许盐调味。香葱切成葱花,熟芝麻用擀面杖擀碎备用。

（3）将松弛好的面团取出来，不用搓揉，直接在面板上撒上少许面粉，整理成长条，然后分割成大小均匀的 4 个剂子。取其中一个剂子，用往里揉的方式揉成一个圆团。先用手压扁，再用擀面杖擀成一个薄饼。

（4）先在薄饼上刷一层刚熬制好的葱油，然后撒上少许芝麻碎和椒盐，再撒上葱花。把面饼从一边开始往另外一边叠，宽度差不多三个手指宽，叠一层按压一下，排出里面的空气，再叠一层。最后把叠好的面饼从长的方向对半切开，再重合起来，用手按压排气，这样做是为了让葱花饼层次更丰富，吃起来更加酥脆松软。这时候把叠好的面饼拉长些，再卷起来，收口处稍微沾点水放在下面，用手稍微按压，再用擀面杖擀成圆形薄饼状。

（5）电饼铛开中火预热，刷一层食用油，然后把做好的葱花饼放上去，盖上盖子，先烙 2 min，然后揭开锅盖，翻面，继续烙 2 min，煎至两面金黄就可以出锅了。出锅前可以用铲子把饼抖散，就可以看到分明的层次，特别的酥脆。

❸ 关于葱花饼的散文

葱花饼，多年前算得上是奢侈的食物。二十世纪六七十年代，我和奶奶生活在昌黎县晒甲坨老家，饮食上难得见到大米、白面等细粮。奶奶为了让我多吃饭，便学着粗粮"细"作，烙玉米面饼和面时掺入葱花，煎出两面金黄的玉米面葱花饼，葱香四溢，也能吃出白面葱花饼的味道。葱花激发出玉米面特有的粗犷香味，甚至比白面葱花饼更胜一筹。我坐在灶前烧火，奶奶从面盆中抓出一团和了葱花的发面团，左手倒右手，在两手间甩甩拍拍几个来回，啪的一下贴在滚烫的锅边。在旺火下，黄澄澄的玉米面葱花饼很快就烙熟了。金黄色的玉米面葱花饼不仅散发着葱花的清香，而且饱含了奶奶对我的爱，吃起来无比美味。

三、成品标准

葱花饼的成品色泽金黄、层次分明、外酥里软、葱香味浓郁、咸鲜适口。

四、制作准备

❶ 设备与工具

（1）设备：操作台、案板、炉灶、电饼铛、电子秤等。

（2）工具：不锈钢面盆、烙饼手铲、手勺、油刷、片刀、擀面杖、餐盘、刮板等。

❷ 原料与用量

（1）主料（葱花饼面团）：富强粉 270 g，其中 90 g 用 75 g 沸水烫透，再用 125 g 温水将剩余面粉和成面团。

（2）馅料：葱 150 g。

（3）调味料：盐 10 g，芝麻碎和椒盐少许，熟猪油 40 g，色拉油 50 g。

五、制作过程

1. 将面粉放入盆内，加入沸水烫 90 g 面粉。

2. 用擀面杖搅拌均匀。

3. 剩余面粉加入温水搅拌均匀，松弛 30 min。

4. 将葱切成葱花备用。

5. 在葱花内加入熟猪油、盐搅拌均匀。

6. 将松弛好的面放在案板上，用擀面杖擀成圆形。

7. 撒上少许芝麻碎和椒盐，将葱花均匀铺在面皮上。

8. 用片刀将面切一个口，顺时针卷起收口。

9. 将生坯用擀面杖擀开，薄厚一致。

10. 电饼铛加入色拉油烧热，放入生坯。

11. 将生坯表面刷上色拉油。

12. 翻面后将另一面烙制金黄色即可。

13. 将烙好的面饼取出并改刀。

14. 装盘点缀即可。

六、营养成分分析

每 250 g 葱花饼的营养成分：热量 1289.5 kcal，碳水化合物 222.6 g，钾 139.72 mg，钠 103.24 mg，胡萝卜素 50 μg，蛋白质 40.45 g，脂肪 26.66 g，磷 14.2 mg，叶酸 13.8 mg，胆固醇 12.8 mg，镁 10.42 mg，钙 10.18 mg，维生素 A 8.5 mg，维生素 C 5 mg，维生素 E 4.95 mg，锌 0.87 mg，铁 0.77 mg，膳食纤维 0.75 g，硒 0.34 mg，烟酸 0.25 mg，维生素 B_6 0.21 mg，铜 0.05 mg，维生素 B_2 0.03 mg，维生素 B_1 0.02 mg。

七、任务检测

(1) 葱花饼面团的和制方法：_____。

(2) 水调面团可分为_____面团、_____面团、_____面团和_____面团。

(3) 葱花饼面团和好后应松弛_____。

参考答案

八、评价标准

评价内容	评价标准	满分	得分
成形手法	葱花饼的揣、压、擀、搓、包等手法正确	10	
成品标准	葱花饼的成品色泽金黄、层次分明、外酥里软、葱香味浓郁、咸鲜适口	10	
装盘	成品与盛装器皿搭配协调，造型美观	10	
卫生	工作完成后，工位干净整齐，工具清洗干净并摆放入位	10	
合计		40	

Note

九、拓展任务

盘丝饼的做法

（1）主料：面粉 2000 g（约剩余 500 g）、花生油 500～600 g（1500 g 面粉的用油量）等。

（2）配料：盐 8 g、白糖 300 g、青红丝 50 g、纯碱 5 g 等。

（3）制作方法。

①把面粉倒入盆内，再倒入含 8 g 盐的温水 800 g，搅拌后揣均匀，把面揉光，松弛 30 min，将 5 g 纯碱溶入 25 g 温水中待用。

②把面团移到案板上，再揉一遍，搓成直径 8 cm 左右的长条。将碱液均匀地抹在长条面上，用双手抓住长条面的两端，在案板上摔打，先将面的中间部分向上抛，再往下顿摔，待面有劲后，站立用手提两端溜面。如此反复 6 次，再开始抻小条。

③用两手抓住溜好的条面，两端对折，用力要均匀，上下微微抖动着向外抻拉，将条面抻拉到约 150 cm 长时，用两手的食指交叉在条面的两端抻拉、对折、抻拉（行话称为扣），如此反复 7 次即可。把两端的面头去掉，每次在对折前都要撒点面粉。用刷子蘸花生油先刷一面，翻过来另一面也刷上花生油，油要刷得均匀，每根面丝都有油，但油不能过多，油过多容易粘连。刷好油后，用刀把面切成 30 份（有的是先分切后逐个刷油）。先从面段的一端顺时针方向盘转，卷成圆形，另一端压在剂子底下，再用手轻轻按压成直径约 8 cm 的圆形饼状。

④盘丝饼坯 30 个分 3 次烙制。先在电饼铛内放入备用花生油的六分之一，烧至六成热时，放入 10 个盘丝饼坯，用中火先烙制一面，烙黄后，用锅铲翻身烙另一面，待两面均变黄后，再把六分之一的花生油分两次淋入电饼铛中，使电饼铛内温度保持六七成热，直至盘丝饼呈金黄色并烙熟。

⑤把烙好的盘丝饼晾 10 min，用手挤压后，再把丝抖开，放入小盘内，撒上白糖、青红丝。如食者想吃咸的，可撒点盐。或是将白糖、青红丝、盐分别放入容器内，与抖好的盘丝饼一同上桌，食者自由选择。

任务二 芝士肉饼

扫码看课件

内容描述

　　芝士肉饼属于京派创意面点,肉饼是北方地区较早时期形成的一种主食,芝士肉饼是在肉饼的基础上加上芝士制作而成的。在面点厨房中,利用水调面团的和制方法调和成较软的面团,加入调制好的肉馅及芝士,利用揣、揉、包、叠、擀等手法,用电饼铛煎制而成。

学习目标

　　(1) 了解肉饼的相关知识。
　　(2) 能够调制肉饼的特殊馅料及掌握和面方法。
　　(3) 能够按照制作流程,在规定时间内完成芝士肉饼的制作。
　　(4) 培养学生良好的卫生习惯,并遵守行业规范。

二、相关知识

❶ 肉饼的传说故事

　　据说突厥人在招待贵客时,主人会特意拿出皮儿特别薄的肉馅饼,以示热情好客。后来,这种制饼的方法流传到其他地区。明初迁都北京时,肉饼便随之进入香河地区。自此,这种美食逐渐开始流传并小有名气。

　　据民间传说,清朝的乾隆皇帝微服私访到了香河地区,一直想尝一尝这远近闻名的肉饼。当他走进一家肉饼店时,便被其香味吸引。等肉饼端上桌,乾隆刚咬了一口就被其香酥美味吸引,还特意赋诗一首。香河肉饼因得到了乾隆皇帝的称赞而名声大噪,引得不少人前往"一尝究竟"。大运河开通后,便利的水道交通使得肉饼沿河传开,自此肉饼流传得更广泛了。

　　经过数百年的传承、创新和发展,如今的香河肉饼可谓是肉馅均匀、皮薄如纸、外酥里嫩、油而不腻,让人回味无穷。咬上一口,何其解忧!

Note

❷ 奶酪的介绍

奶酪(cheese),又名干酪,是一种发酵的牛奶制品,其性质与常见的酸奶有相似之处,都是通过发酵制作出来的,也都含有乳酸菌,但是奶酪中牛奶的浓度比酸奶高,近似固体,因此营养价值更加丰富。奶酪源自西亚,是一种自古流传下来的美食,然而,奶酪的风味却是在欧洲开始发展的。到了公元前3世纪,奶酪的制作已经相当成熟。事实上,人们在古希腊时已用奶酪敬拜诸神,芝士蛋糕就源于古希腊,而在古罗马时期,奶酪更成为一种表达赞美和爱意的礼物。

❸ 肉饼的制作关键

(1)和面。准备中筋面粉和水。冬天可以用30 ℃的温水,平时用冷水就好。面一定要和得软。用水徐徐地加入面盆中,一边加入一边用筷子搅拌,不停地搅拌直到盆中面粉成团状且无干粉,这时的面团还不是很光滑,再继续用筷子搅拌一会儿。和面这一步全程用筷子搅,不要用手,面软会黏手。

(2)饧面。和好的面团一定要有一个充分的饧发过程。这很重要,直接影响到后面肉饼的薄厚和口感。用保鲜膜包好面团,静置30 min以上。冬天一般晚上和面,然后包上保鲜膜静置一晚,第二天面的状态非常好。饧好的面团用筷子挑起来很软但是成形。

三、成品标准

芝士肉饼表皮色泽金黄,层多皮薄,肉馅咸鲜适口,芝士味道浓郁。创新点:芝士肉饼是在肉饼成形时加入芝士和口蘑,使得肉饼的味道和口感更加丰富,也是中西原料的一种结合。

四、制作准备

❶ 设备与工具

(1)设备:操作台、案板、炉灶、电饼铛、电子秤等。

(2)工具:不锈钢面盆、烙饼手铲、油刷、手勺、片刀、擀面杖、餐盘等。

❷ 原料与用量

(1)面团:面粉500 g、沸水150 g、凉水160 g、色拉油10 g等。

(2)馅料:猪肉馅300 g、酱油30 g、老抽4 g、花椒水30 g、盐5 g、味精5 g、胡椒粉2 g、五香粉3 g、猪油150 g、蒜末50 g、葱末75 g、姜末25 g、口蘑粒150 g、口蘑片50 g、马苏里拉芝士60 g、芝士片2片等。

五、制作过程

1. 锅中加入猪油。

2. 加入蒜末炒香。

3. 加入老抽烹出香味，放凉备用。

4. 猪肉馅加入姜末。

5. 再加入花椒水。

6. 再加入口蘑粒及炒好的蒜油汁。

7. 再加入盐、胡椒粉、味精、葱末搅打均匀。

8. 将面粉和成面团饧发后铺展在案板上。

9. 用擀面杖擀成长方片。

10. 把擀好的面片修齐边缘。

11. 抹上馅料。

12. 从一端卷起至二分之一位置。

13. 加入口蘑片。　14. 加入芝士。

15. 均匀擀开。　16. 修齐边缘。

17. 切去两头多余面。

18. 下入电饼铛中。

19. 刷上色拉油煎制。

20. 翻面将另一面刷上色拉油煎制。

21. 将烙好的肉饼改刀切成块。

22. 装盘点缀即可。

六、营养成分分析

　　每100 g肉饼中的营养成分:热量118 kcal,蛋白质12.8 g,脂肪4.8 g,饱和脂肪酸0.4 g,多不饱和脂肪酸2.4 g,单不饱和脂肪1.5 g,碳水化合物10.2 g,糖0.2 g,膳食纤维5.7 g,钠519 mg,镁35 mg,磷153 mg,钾320 mg,钙54 mg,铁2 mg,锌0.5 mg,维生素B₁ 0.03 mg,维生素B₂ 0.01 mg。

　　每30 g芝士中的营养成分:热量113 kcal,碳水化合物0.03 g,脂肪9.5 g,蛋白质6.8 g。

七、任务检测

（1）芝士肉饼的和面比例为_____。

（2）每 100 g 肉饼中蛋白质含量为_____ g，钠的含量为_____ g，膳食纤维的含量为_____ mg。

八、评价标准

评价内容	评价标准	满分	得分
成形手法	芝士肉饼的揣、揉、包、叠、擀等手法正确	10	
成品标准	芝士肉饼表皮色泽金黄，层多皮薄，肉馅咸鲜适口，芝士味道浓郁	10	
装盘	成品与盛装器皿搭配协调，造型美观	10	
卫生	工作完成后，工位干净整齐，工具清洗干净并摆放入位	10	
合计		40	

九、拓展任务

▣ 褡裢火烧的做法 ▣

（1）原料与配料：面粉 500 g、花生油 50 g、肉末 200 g、葱末 50 g、姜末 5 g、白菜馅 150 g、盐 10 g、酱油 25 g、味精 15 g 等。

（2）制作方法：将肉末、葱末、姜末和白菜馅放入大碗中，加入盐、味精、酱油（亦可稍加凉水）拌匀，制成馅料。将面粉倒入和面盆中，加水，揣揉和面，待面团揉好后，盖上湿布饧发 5～10 min。案板略抹花生油后，将面团放上，再揣揉几下，用刀切成 20 等份；面坯按扁，用擀面杖擀成长 10 cm、宽 6.5 cm 的面皮，然后再将面皮宽的一端的两角略向外抻宽；将 15～20 g 馅料横放在面皮中间，摊成馅条，再把较窄的一端翻起盖在馅料上卷起，然后将抻宽的一端两角揪起，压住边口；煎盘加花生油置于旺火上烧热，放入生坯（将压住边口的一面向下），烙 2～3 min，再刷抹少量花生油，翻面烙 2～3 min，待其两面呈金黄色时即熟。

任务三　京东肉饼

扫码看课件

一、任务描述

内容描述

　　京东肉饼是地道的北方风味,它也是利用典型的水调面团做成的。在面点厨房中,利用水调面团的和制方法调和成较软的面团,加入调制好的肉馅,利用揣、揉、包、叠、擀等手法,用电饼铛煎烙而成。

学习目标

　　(1)了解京东肉饼的相关知识。

　　(2)能够调制京东肉饼的特殊馅料及掌握和面方法。

　　(3)能够按照制作流程,在规定时间内完成京东肉饼的制作。

　　(4)培养学生良好的卫生习惯,并遵守行业规范。

二、相关知识

❶ 京东肉饼的传说故事

　　京东肉饼源自民间,年代久远。据说,明初永乐年间传入宫中,成为一种宫廷小吃。自此,身价倍增,制作方法日益精进,以通州、顺义一带最为有名。据传1770年乾隆皇帝曾路过此地,品尝过这种肉饼,对其色香味赞不绝口。肉饼以牛羊肉和猪肉为馅,与南方风格不同,其皮薄,肉厚,油旺旺的,吃起来面质软和,肉鲜细嫩,既可当菜,也可作为主食。北京出现许多制售京东肉饼的小铺,来半斤肉饼,加一碗绿豆粥或紫米粥,成为了一种风味快餐。

❷ 京东肉饼的文章

　　迁移至香河的回族中,有一家人姓哈,开了个饭店,名为"哈家店",他们把做肉饼的手艺带到了这里,经过上百年的研习操作,创造出风味独特、别具一格的香河肉饼。香河肉饼传遍京津是在乾隆年间。此时的"哈家店"老板,不但把肉饼的形状、味道研制到最佳状态,而且把制作的手艺上升到"艺术"的水平。据说,乾隆曾带着刘罗锅到香河一带微服私访,光临过"哈家店"。临走

Note

还赋诗一首:香河有奇饼,老妪技艺新;此店一餐毕,忘却天下珍。从此,香河肉饼载誉全国,名扬天下。

这种饼好吃,是因其面少,肉多。1 张大饼是用 1 斤面、2 斤肉、1 斤大葱烙成的,直径约 70 cm,从和面到制馅都极为讲究。面,要和得不冷、不热、不软、不硬,揉起来光滑柔软,擀起来得心应手,皮薄如纸且有弹性。肉馅,或是牛肉或是羊肉,经过刀口剁、刀背砸,形成肉泥,放入葱姜蒜等多种拌馅调料,然后用香油搅拌。所以香河肉饼是完整绵密的三大层,每层纸样的薄皮夹着一层整体饼状的肉馅,丝絮般均匀,无一断缺。就见厨师在平锅里一转一翻,面皮焦黄,渐成圆球。偌大的肉饼无一漏馅漏气之处。然后刷上油,那纸样的面皮被油浸成半透明状,能见肉馅,出锅后,就成了颜色焦黄、外酥里嫩、油而不腻、香醇可口的香河肉饼。

香河肉饼又名京东肉饼,现在分店遍布北京,稍加留心就可以发现。价格不贵,香气扑鼻,有时都不用刻意去找,闻着香味便可以寻到。

三、成品标准

京东肉饼色泽金黄,外皮酥脆,馅料汁多,葱香味浓郁,咸香适口。

四、制作准备

❶ 设备与工具

(1)设备:操作台、案板、炉灶、电饼铛、电子秤等。

(2)工具:不锈钢面盆、烙饼手铲、手勺、菜刀、擀面杖、餐盘等。

❷ 原料与用量

(1)面团:富强粉 250 g、色拉油 10 g、温水(70 ℃)110~120 g。

(2)馅料:前臀尖(肥三瘦七)300 g、香葱 60 g、大葱 50 g、一品鲜酱油 15 g、花椒水 20 g、高汤 100 g、盐 5 g、鸡精 3 g、香油 25 g、胡椒粉 3 g。

五、制作过程

1. 面粉中加入温水。

2. 将面粉揉成面团。

3. 揉好面团后用湿布或保鲜膜盖好饧 20 min。

4. 将面皮擀开,厚薄均匀。

5. 将面皮四边切齐。

6. 将调好的馅料放在面皮上。

7. 用手勺将馅料涂抹均匀。

8. 将香葱、大葱混合后撒在馅料上。

9. 从一端卷起。

10. 将两侧收口。

11. 下入电饼铛,将两面煎至金黄色。

12. 装盘点缀即可。

六、营养成分分析

(1) 每 100 g 京东肉饼的营养成分:热量 118 kcal,蛋白质 12.8 g,脂肪 4.8 g,饱和脂肪酸 0.4 g,多不饱和脂肪酸 2.4 g,单不饱和脂肪酸 1.5 g,碳水化合物 10.2 g,膳食纤维 5.7 g,钠 519 mg,镁 35 mg,磷 153 mg,钾 320 mg,钙 54 mg,铁 2 mg,锌 0.5 mg,维生素 B_1 0.03 mg,维生素 B_2 0.01 mg。

(2) 每 100 g 小葱的营养成分:总脂肪 0.2 g,总碳水化合物 7 g,维生素 C 18.8 mg,铁 1.5 mg,钙 72 mg,钾 276 mg,膳食纤维 2.6 g。

参考答案

七、任务检测

(1) 京东肉饼馅料的主要成分及用量为_____。

(2) 每 100 g 小葱中总碳水化合物含量为_____ g,维生素 C 的含量为_____ mg,膳食纤维的含量为_____ g。

(3) 乾隆皇帝为京东肉饼赋诗一首:_____,_____;_____,_____。

八、评价标准

评价内容	评价标准	满分	得分
成形手法	京东肉饼的揣、揉、包、叠、擀等手法正确	10	
成品标准	京东肉饼色泽金黄,外皮酥脆,馅料汁多,葱香味浓郁,咸香适口	10	
装盘	成品与盛装器皿搭配协调,造型美观	10	
卫生	工作完成后,工位干净整齐,工具清洗干净并摆放入位	10	
合计		40	

九、拓展任务

芝麻糖饼的做法

（1）原料：面粉 250 g、温水 135 g、芝麻酱 100 g、红糖 100 g、白糖 20 g，香油 20 g 等。

（2）制作方法：将面粉倒入盆中，一手拿着筷子，另一手端着温水，边倒水边搅拌面粉，让面粉和水充分拌和均匀，然后改用手将面粉揉成团，扣上盆子饧发 20 min；芝麻酱中加入香油，用勺子搅拌解开备用，案板上撒上面粉，将面团放在案板上用擀面杖擀开成薄片状，将芝麻酱倒在面皮上均匀抹开，将红糖和白糖撒在面皮上；沿长边将面皮卷起，将长条从一端开始盘成圆形，将圆饼擀开成薄饼状；锅中抹上薄薄一层油，圆饼冷油下锅，开火后煎 2 min，其间不断用手晃动，顺时针旋转，让饼均匀受热；在饼面上刷上薄薄的一层油，然后将饼翻面，接着煎 1 min 即可出锅，出锅放至不烫手后切块食用。

任务四　京酱肉丝酥饼

一、任务描述

内容描述

京酱肉丝酥饼是由萝卜丝酥饼演化而来的,原是南方地区一种流行的风味家常面食,备受老百姓欢迎。在面点厨房中,利用面粉和冷水加油调制成较软的水调面团,采用搅、压、饧、擀、搓、包、卷等手法,用油分层,包入馅料。其烹饪制作简单,外脆里嫩,酱香浓郁,用电饼铛烙熟即可。

学习目标

(1) 了解京酱肉丝的相关知识。

(2) 能够根据酥饼的配方调制特殊的水调面团。

(3) 能够按照制作流程,在规定时间内完成京酱肉丝酥饼的制作。

(4) 培养学生良好的卫生习惯,并遵守行业规范。

二、相关知识

❶ 京酱肉丝的来历

京酱肉丝是北京市的一道著名小吃,属于北京菜;该菜品在制作时选用猪里脊为主料,辅以甜面酱、葱、姜及其他调料,用北方特有烹调技法"六爆"之一的"酱爆"烹制而成。成菜后,咸甜适中,酱香浓郁,风味独特。二十世纪三十年代,北京紫禁城东北方约 4 里地的一个大杂院里,有一个原籍东北的老人,和孙子相依为命,靠做豆腐维生。有一次,老人把猪瘦肉切成很薄的片,下锅炒,并放豆酱,没有面饼,但还有点豆腐皮,他将豆腐皮切成方块,爷俩用豆腐皮卷着大葱和"烤鸭"吃,别提有多高兴了,共同度过了一个幸福的春节。孙子长大后,成了一名水平不错的厨子,烤鸭也能常吃了,却总体会不到第一次吃"烤鸭"的感受。后来,经过老人的指点,他的孙子对菜品不断改进,才有了现今酱香浓郁、肉丝细嫩的京酱肉丝。

❷ 萝卜丝酥饼的来历

萝卜丝酥饼以白萝卜做馅,白萝卜具有下气宽中、消积化滞、润肺除痰的功效,对于胸闷气喘、食欲减退、咳嗽痰多等有食疗作用。但是,制作过程,用猪油较多,虽是荤素兼备,但是,含动物脂肪较高,不适宜体胖、动脉硬化的人食用。京酱肉丝酥饼由萝卜丝酥饼创新演变而来,具有外皮酥脆、馅料酱香浓郁、肉丝滑嫩等特点。

三、成品标准

京酱肉丝酥饼成品色泽金黄,外皮酥脆,馅料酱香浓郁,肉丝滑嫩。

四、制作准备

❶ 设备与工具

(1) 设备:操作台、案板、炉灶、电饼铛、电子秤等。

(2) 工具:不锈钢面盆、烙饼手铲、油刷、手勺、片刀、擀面杖、餐盘等。

❷ 原料与用量

(1) 皮料:面粉 500 g、盐 7.5 g、温水 320 g。

(2) 馅料:猪里脊 250 g、大葱 150 g、姜末 10 g、蒜末 15 g。

(3) 调料:甜面酱 35 g、白糖 25 g、老抽 10 g、胡椒粉 1 g、料酒 10 g、香油 10 g、水淀粉 20 g、色拉油 1550 g。

京派创意面点

五、制作过程

1. 将猪里脊切成丝,上浆。

2. 将大葱切丝,姜蒜切末。

3. 面粉中倒入温水,加盐搅拌,和成面团,饧发 30 min。🖥

4. 将酱好的肉丝放入低温油煵至八成熟。

5. 煵好的肉丝加入甜面酱炒至酱红色。

6. 将炒好的京酱肉丝盛入盘中。

7. 肉丝晾凉后放入葱丝拌匀,成为京酱肉丝馅料。

8. 将饧好的面团揉至表面光滑。

9. 将搓好的面揪成 25 g 一个的剂子,搓成锥形。🖥

10. 将搓好的剂子泡在色拉油里。🖥

11. 将面皮擀开擀薄。

12. 将一头抻起拉长。🖥

京酱肉丝酥
饼抻制面皮
要薄如纸

京酱肉丝酥
饼翻面刷油
煎至两面金
黄再烤

13. 将馅料放在面皮上。

14. 将面皮上下合拢卷起。

15. 将生坯下入煎锅,煎至两面金黄。🖥

16. 入烤箱 185 ℃烤制 10 min。

17. 装盘点缀即可。

六、营养成分分析

　　每 100 g 京酱肉丝酥饼的营养成分:热量 169.90 kcal,碳水化合物 12.29 g,蛋白质 15.33 g,脂肪 10.09 g,膳食纤维 0.75 g,纤维素 0.68 g。

七、任务检测

　　(1)京酱肉丝酥饼的和面比例是_____。

　　(2)京酱肉丝是北京市的一道著名小吃,属于北京菜;该菜品在制作时选用猪里脊为主料,辅以甜面酱、葱、姜及其他调料,用北方特有烹调技法"六爆"之一的"_____"烹制而成。成菜后,_____,_____,风味独特。

　　(3)萝卜丝酥饼以白萝卜做馅,白萝卜具有_____的功效,对于胸闷气喘、食欲减退、咳嗽痰多等有食疗作用。

参考答案

八、评价标准

评价内容	评价标准	满分	得分
成形手法	京酱肉丝酥饼的揉、压、饧、擀、搓、包、卷等手法正确	10	

Note

续表

评价内容	评价标准	满分	得分
成品标准	京酱肉丝酥饼成品色泽金黄,外皮酥脆,馅料酱香浓郁,肉丝滑嫩	10	
装盘	成品与盛装器皿搭配协调,造型美观	10	
卫生	工作完成后,工位干净整齐,工具清洗干净并摆放入位	10	
合计		40	

九、拓展任务

牛肉焦饼的做法

(1) 原料:面粉 500 g、川盐 7.5 g、花椒面 1 g、姜末 25 g、牛肉 400 g、蒜末 7.5 g、葱白 100 g、牛油酥 25 g、菜油 250 g、耗油 150 g 等。

(2) 制作方法。

①烫面:先将 150 g 面粉倒在案板上堆成一堆,从中开成个凼,将碱下在凼里,每 5 kg 面约用 80 g 的碱,随即把沸水倒下去并马上用筷子拌合,把生面都烫成熟面(用沸水烫面要注意时令,每 500 g 面粉春季需沸水 230 g,四五月需 220 g,六月需 200 g,七月需 220 g,八九月需 230 g,冬季需 250~265 g)。面和好后再用手把它按平在案板上,成一大块。

②500 g 牛油熬熟,再调入 300 g 生菜油,叫牛油酥。牛油酥要放在凉水里使其凝固,然后抹在面上,这叫作面里酥。

③三成烫面、七成生面加牛油酥 10 g、菜油 5 g,揉和均匀,搓成长条后分成 5 个剂子,将剂子压成 13 cm 长的条形,刮上牛油酥,扯长裹拢,切成两段,每段擀平,包入馅料,按扁。

④将牛肉洗净,切成蝇头颗粒状,用菜油 40 g,加入川盐、蒜末、花椒面、姜末、葱白(切成葱花)等搅拌均匀成馅。

⑤馅料的做法:先将牛肉 5 kg(不要筋)切细成蝇头大小,用醪糟糊子 100 g、盐 30 g、豆瓣 65 g、豆豉 80 g、红豆腐乳水 80 g、酱油 125 g、花椒 125 g、生姜 80 g(整花椒与姜片混合切细)、五香粉 30 g,与牛肉混合拌匀,拌好后再下大葱花 3 kg,下葱花后再拌,拌匀后即成肉馅。

⑥把起酥的面裹成条,然后再分成一个个的剂子,但在分切前应将面条转一转,才不会崩口,

再将剂子放在左手心,用右手掌把它按扁,放入馅料,再用右手的五指慢慢地收拢,把馅料包好,并把合拢处多余的面扯下来放在一边,轻轻地按扁成饼状。

⑦在平锅内倒入菜油,把饼放到平锅去烤,饼多的时候平锅上面烧杠炭,平锅下面烧焦炭,上下火力要一样。如果平锅上面不烧炭,则每个饼要烤 5 min,烧炭的话只烤 3 min。每 5 kg 面粉大约可做 220 个饼,烤饼要用 1.75 kg 菜油,焦饼两面都要烤成金黄色。

⑧或油炸。将余下的菜油倒入平锅内,烧至三成热时,分别把饼放入油锅内,用微火使饼慢慢进油。火候先微后急,当起锅时火候要旺些。饼鼓起后要两面翻炸,饼呈金黄色时即起锅。

任务五　冰花锅贴

一、任务描述

内容描述

锅贴，中国北方的一种著名传统小吃，全国各地皆有分布，主要属于煎烙馅类的食品。在面点厨房中，用水调面团的和面手法，利用搅、揉、搓、揪、擀、包等手法，用电饼铛煎制而成。

学习目标

（1）了解冰花锅贴的相关知识。

（2）能够调制冰花锅贴的特殊馅料及掌握和面方法。

（3）能够按照制作流程，在规定时间内完成冰花锅贴的制作。

（4）培养学生良好的卫生习惯，并遵守行业规范。

二、相关知识

① 冰花锅贴的传说故事

锅贴，制作精巧，味道可口，根据季节配以不同新鲜蔬菜。锅贴的形状各地不同，一般是细长饺子形状，但天津锅贴类似褡裢火烧。

传说一　北宋建隆三年正月初一，因皇太后丧事刚完，宋太祖不受百官朝贺，不思茶饭。午后独自在院中散步，忽然一股香气飘来，顿感心旷神怡，便寻着香气走到了御膳房，看见御厨正将没煮完的剩饺子放在铁锅内煎着吃，御厨看到太祖进来大气不敢出。这时太祖被香味勾起了食欲，就让御厨铲几个尝尝，直觉得焦脆软香，甚是好吃，一连吃了四五个。太祖问这叫什么名字，御厨一时答不上来，太祖看了看用铁锅煎的饺子，就随口说，那就叫锅贴吧。正月十一太祖

到迎春苑宴会射箭,宴请大臣时特意让御厨做了锅贴给大家享用,御厨们从口味到外形对锅贴加以改进,众臣食后备加赞赏。后来锅贴从宫中传到了民间,又经过历代厨师们不断研究和改进,最终成为如今的锅贴。

传说二 锅贴是平锅出现后的产物,始于何时有待探究。但胶东锅贴安家在大连,这倒是有记载的。1941年,福山人王树茂由鲁来辽,定居大连。为了谋生,便将胶东传统锅贴结合当地习俗加以改进,专营起这一风味面食。开始时,用手推车装上炉具、原料、佐料、碗筷,或临街搭棚,或走街串巷,或赶集庙会。其制法独特,成品造型新颖,色泽黄白相间,入口焦嫩,鲜美诱人。因王树茂脸上长有麻子,故称王麻子锅贴。1942年,王树茂购置门面,并顺势挂起"王麻子锅贴"的牌匾,使胶东锅贴终于在异地他乡安家落户。

② 锅贴和饺子的区别

锅贴包制时一般是馅面各半,呈月牙形。锅贴底面呈深黄色,酥脆,面皮软韧,馅味香美。从某种意义上说,日本人所谓的饺子都是锅贴。锅贴是大众风味小吃,东北也称水煎包。锅贴跟煎饺不能混淆,两者并不一样。

三、成品标准

冰花锅贴成品呈月牙形,锅贴底部皮焦馅嫩,色泽金黄,鲜美溢口。

创新点:利用面浆加油呈现冰花效果,冰花还可以用蔬菜汁制作,从而制作出五彩缤纷的冰花。

四、制作准备

① 设备与工具

(1)设备:操作台、案板、炉灶、电饼铛、电子秤等。

(2)工具:不锈钢面盆、烙饼手铲、手勺、片刀、擀面杖、餐盘等。

② 原料与用量

(1)面团:富强粉250 g,其中125 g用60 g沸水烫透,再用60 g冷水将其余面粉和匀。

(2)馅料:猪肉馅200 g、香葱50 g、姜末10 g、盐3 g、鸡精1 g、胡椒粉1 g、香油2 g、老抽10 g、冷鸡汤100 g。

京派创意面点

（3）冰花水：面粉 10 g、色拉油 30 g、水 80 g。

五、制作过程

冰花锅贴
和制面团

冰花锅贴
包制成形

冰花锅贴
烙制过程

1. 取面粉用沸水烫二分之一。

2. 其余面粉加入冷水揉成面团。🖥

3. 将揉好的面团饧 20 min。

4. 将饧好的面团揉光滑。

5. 将面团搓成条。

6. 揪剂子，注意大小一致，约 10 g 一个。

7. 猪肉馅中放入冷鸡汤及调料搅拌均匀。

8. 将搅拌均匀的馅料放入冰箱冷藏 1 h 备用。

9. 将面皮擀得厚薄均匀。

10. 左手托住面皮，加入按比例调制好的馅料。

11. 均匀地捏出花褶。🖥

12. 锅中放油，下入生坯，加入冰花水。🖥

13. 盖上锅盖焖煎至熟。

14. 点缀装盘即可。

六、营养成分分析

每 100 g 冰花锅贴中营养成分：热量 1072 kcal，蛋白质 15.18 g，脂肪 9.98 g，钠 585 mg，钾 269 mg，碳水化合物 25.01 g。

七、任务检测

（1）冰花水的制作比例为＿＿＿＿＿＿。

（2）每 100 g 冰花锅贴中蛋白质含量为＿＿＿＿＿＿ g，钠的含量为＿＿＿＿＿＿ mg，碳水化合物的含量为＿＿＿＿＿＿ g。

（3）＿＿＿＿＿＿年，王树茂购置门面，并顺势挂起"王麻子锅贴"的牌匾，使胶东锅贴终于在异地他乡安家落户。

参考答案

八、评价标准

评价内容	评价标准	满分	得分
成形手法	冰花锅贴的搅、揉、搓、揪、擀、包等手法正确	10	
成品标准	冰花锅贴成品呈月牙形，锅贴底部皮焦馅嫩，色泽金黄，鲜美溢口	10	
装盘	成品与盛装器皿搭配协调，造型美观	10	
卫生	工作完成后，工位干净整齐，工具清洗干净并摆放入位	10	
合计		40	

Note

九、拓展任务

荠菜肉锅贴

【三鲜煎饺的做法】

（1）原料：面粉 250 g、清水 120 g、猪肉馅 100 g、韭菜 150 g、炒熟的鸡蛋碎 100 g、虾仁粒 200 g、十三香 10 g、盐 15 g、鸡精 10 g、香油 15 g、料酒 15 g、胡椒粉 2 g 等。

（2）制作方法。

①将面粉用水和成面团，并盖上饧 0.5 h；鸡蛋碎一定要放凉了才能和到馅中，不然韭菜会被烫出水；韭菜洗净切成末待用；虾仁和猪肉切碎待用，虾仁不用切得太碎，一个虾仁切上三四刀就可以了，猪肉越碎越好。

②和馅。先放油，并且要让油与韭菜充分混合，这样做是为了让油锁住韭菜中的水分，也是避免盐与韭菜接触使韭菜析出水分；把晾凉的鸡蛋碎和切碎的虾仁、猪肉放入韭菜中搅拌均匀；最后再加入适量的十三香等调料与馅料搅拌均匀。

③电饼铛倒入少许油待用，将油铺满锅底即可，不用太多；将饧好的面搓成长条，再揪成剂子擀成饺子皮，包好饺子；将包好的饺子直接放到已经放了油的电饼铛中摆好；饺子摆好之后向锅中加入凉水，水没到饺子的三分之二即可，盖上盖开始加热；待锅中的水分全部烧干后即可断电。

任务六　四色烧卖

扫码看课件

一、任务描述

内容描述

烧卖是中国传统特色面食,流行于全国广大地区。烧卖皮薄馅大,形似菊花。在面点厨房中,利用面粉和沸水调制成的水调面团,调制好馅料后,采用揉、饧、搓、擀、压等手法,烧卖成形后,蒸制即成。

学习目标

(1)了解烧卖的相关知识。

(2)能够掌握四色烧卖特殊的成形手法,并完成蒸制。

(3)能够按照四色烧卖制作流程,在规定时间内完成其制作。

(4)培养学生良好的卫生习惯,并遵守行业规范。

二、相关知识

① 烧卖的相关知识

烧卖,是呼和浩特的一种流传很久、至今不衰的传统风味食品。早在清朝时,当地的烧卖就已名扬京城了。当时,北京前门一带,烧卖馆门前悬挂的招牌上,往往标有"归化城稍美"字样。外地客人来到呼和浩特,都要品尝一下烧卖,才算不虚此行。烧卖一词的来历,有多种说法。一种说法是明末清初时,在呼和浩特大召寺附近,有哥俩儿以卖包子为生,后来哥哥娶了媳妇,嫂嫂要求分家,包子店归哥嫂,弟弟在店里打工包包子、卖包子。弟弟为增加收入好娶媳妇,在包子上炉蒸时,就做了些薄皮开口的"包子",区分开卖,卖包子的钱给哥哥,将卖薄皮开口的"包子"的钱积攒起来。很多人喜欢这种不像包子的包子,取名"捎卖",后来名称演变,向南传播就改叫烧卖了。

还有一种说法是乾隆三年,来自浮山县北井里村的王氏,在北京前门外的鲜鱼口开了一家浮山烧卖馆,并制作炸三角和各种名菜。某年除夕夜,乾隆从通州私访归来,到浮山烧卖馆吃烧卖。这里的烧卖馅软而喷香,油而不腻,洁白晶莹,如玉石榴一般。乾隆食后赞不绝口,回宫后亲笔写

了"都一处"三个大字,命人制成牌匾送往浮山烧卖馆。从此烧卖馆名声大振,身价倍增。

烧卖之所以顶部不封口,原因是茶客所带的小菜品种不一,有的是生牛羊肉和姜葱,有的是萝卜、青菜、豆腐干等,为区别各位茶客的小菜,便不封口,每当一笼蒸好后,店小二便会把蒸笼端到茶堂的大桌上,说:"各位茶客的小菜捎来了,劳驾自选。"这时茶客各自拿自己的"薄饼包菜",边吃边饮。

时至今日,各地烧卖的品种更为丰富,制作也更为精美,如河南有切馅烧卖,山西有百花烧卖,河北有大葱猪肉烧卖,安徽有鸭油烧卖,杭州有牛肉烧卖,江西有蛋肉烧卖,山东临清有羊肉烧卖,苏州有三鲜烧卖,湖南长沙有菊花烧卖,广州有干蒸烧卖、鲜虾烧卖、蟹肉烧卖、猪肝烧卖、牛肉烧卖和排骨烧卖等,各具地方特色。

烧卖,又称肖米、稍麦、稍梅、烧梅、鬼蓬头,是形容顶端蓬松、束折如花,以烫面为皮裹馅上笼蒸熟的小吃,是非常让人喜爱的特色小吃。

三、成品标准

四色烧卖形如石榴,晶莹剔透,红绿黄白相间,馅多皮薄,清香可口。

四、制作准备

❶ 设备与工具

(1)设备:操作台、案板、炉灶、蒸锅、蒸笼、电子秤等。

(2)工具:不锈钢面盆、漏勺、手勺、片刀、餐盘等。

❷ 原料与用量

(1)面皮:面粉 300 g、水 190 g(80 g 蔬菜汁、110 g 水)。

(2)馅料:肉馅 250 g、虾仁 125 g、海参 125 g(三者比例 2∶1∶1),盐 5 g、味精 5 g、胡椒粉 3 g、料酒 25 g、鸡精 15 g、香油 20 g、水 100 g、生抽 75 g、香葱 50 g、姜末 10 g。

五、制作过程

四色烧卖和
制绿色面团

四色烧卖
四色面揉
搓成条

四色烧卖
揿剂

1. 准备馅料。

2. 加入调味料制成馅料。

3. 胡萝卜打成泥备用。

4. 菠菜打成汁备用。

5. 红菜头打成汁备用。

6. 紫甘蓝打成汁备用。

7. 将面粉烫四分之一。

8. 加入菠菜汁和成面团。💻

9. 将其余三种面和好揉成面团。

10. 将四色面团放在一起。

11. 将四色面揉搓成条。💻

12. 揿成大小均匀的剂子。💻

四色烧卖
按扁剂子

四色烧卖
面皮擀制，
包馅成形

13. 将剂子按扁。

16. 将面皮叠拢收口。

14. 用烧卖锤擀成厚薄均匀、花边清晰的面皮。

17. 上笼蒸 8 min。

15. 左手托起面皮，放入馅料。

18. 装盘点缀即可。

六、营养成分分析

每 100 g 四色烧卖的营养成分：热量 220.01 kcal，蛋白质 7.98 g，碳水化合物 40.30 g，脂肪 3.27 g，纤维素 0.52 g。

七、任务检测

（1）四色烧卖的蒸制时间为_____。

（2）每 100 g 四色烧卖的营养成分：热量_____ kcal，蛋白质_____ g，碳水化合物 40.30 g，脂肪_____ g，纤维素 0.52 g。

（3）烧卖，是_____的一种流传很久、至今不衰的传统风味食品。

八、评价标准

参考答案

评价内容	评价标准	满分	得分
成形手法	四色烧卖的揉、饧、搓、擀、压等手法正确	10	
成品标准	四色烧卖形如石榴，晶莹剔透，红绿黄白相间，馅多皮薄，清香可口	10	

Note

续表

评价内容	评价标准	满分	得分
装盘	成品与盛装器皿搭配协调,造型美观	10	
卫生	工作完成后,工位干净整齐,工具清洗干净并摆放入位	10	
合计		40	

九、拓展任务

🔶 翡翠烧卖做法 🔶

(1)原料:糯米 300 g、小麦面粉 500 g、菠菜 300 g、色拉油 5 g、盐 1 g、蚝油 15 g、水 50 g 等。

(2)制作方法。

①菠菜除去黄叶,洗后放入沸水锅内烫一下(锅里加少量食用碱),捞起放入冷水中漂清,再斩成细末,放入布袋中压干水分,倒出放入盆内,加蒸熟的糯米、白糖、盐、猪油拌和,即成翡翠馅料。

②将面粉放入盆中,加沸水 150 g 左右,拌和成雪花片状,再加清水 100 g 拌和揉匀,揉至面团光滑,搓成长条,揪成 15 g 左右一个的剂子,然后用擀面杖擀成直径 9 cm 左右,荷叶形边、金钱底的面皮。

③将面皮摊在左手掌中,将翡翠馅料 20 g 放在面皮中间,然后左手将面皮齐腰捏拢,右手用刮板在面皮口上将糯米压平,即成糯米烧卖生坯。

④将生坯上笼,旺火上蒸 10 min 即成。

任务七　三色手擀面

扫码看课件

一、任务描述

内容描述

手擀面为传统面食,流行于北方广大地区。手擀面是一种又细又长、形似龙须的面条。在面点厨房中,利用面粉和冷水调制成较软的水调面团,采用揉、饧、擀、叠、压、切、抻等手法,并加食用色素,煮制后,形成筋道、色彩鲜艳的三色手擀面,今已为居民普通食品,常年食用。

学习目标

(1) 了解三色手擀面的相关知识。

(2) 能够利用三色手擀面特殊的成形手法完成三色手擀面的擀制和切制。

(3) 能够按照制作流程,在规定时间内完成三色手擀面的制作。

(4) 培养学生良好的卫生习惯,并遵守行业规范。

二、相关知识

手擀面,是面条的一种,因用手工擀出,所以称为手擀面。面条的制作方法多种多样,有擀、抻、切、削、揪、压、搓、拨、捻、剔、拉等。

最早的实物面条是由中国科学院地质与地球物理研究所的科学家发现的,2005 年 10 月 14 日在黄河上游的青海省民和县喇家村进行地质考察时,在一处河漫滩沉积物地下 3 米处,他们发现了一个倒扣的碗,碗中装有黄色的面条,最长的有 50 cm。研究人员通过分析物质成分,发现

这碗面条约有 4000 年历史,这个发现使面条的出现时间大大提前。面条最初被称为"饼","水溲饼""煮饼"便是中国面条先河。"饼,并也,溲面使合并也。"(刘熙《释名》)其意指用水将面粉和在一起,做出的食品均称为"饼",以水煮的面条或面块亦称作"饼",是重要的主食之一,并深受人们的喜爱。近年来,面条的品种越来越丰

富,但家常手擀面却被忽视了。

三、成品标准

三色手擀面细如丝线,面条色彩鲜艳,口感筋道。

四、制作准备

❶ 设备与工具

(1) 设备:操作台、案板、炉灶、汤锅、电子秤等。

(2) 工具:不锈钢面盆、漏勺、手勺、片刀、擀面杖、汤盆等。

❷ 原料与用量

富强粉 500 g,鸡蛋 250 g(蛋黄 150 g、蛋清 100 g),盐 5 g,鸡清汤 500 g,红菜头 50 g,菠菜 50 g,胡萝卜 20 g,油菜叶 20 g 等。

五、制作过程

1. 将红菜头打成汁加入富强粉内,并加入盐、色拉油和成红色面团。

2. 将菠菜打成汁加入富强粉内,并加入盐、色拉油和成绿色面团。

3. 将鸡蛋打入富强粉内,加入盐、色拉油和成鸡蛋面。

Note

三色手擀面
面团和制

三色手擀面
面条擀制
手法

三色手擀面
切制成形

4. 三色面和制完成。

5. 将面团擀开。

6. 将面皮卷在擀面杖上擀制。🖥

7. 擀成厚 0.2 cm 的面皮。

8. 将面皮叠起。

9. 将鸡蛋面切成宽 0.2 cm 的丝。🖥

10. 将菠菜面切成宽 0.2 cm 的丝。

11. 将红菜头面切成宽 0.2 cm 的丝。

12. 将胡萝卜、油菜叶刻成花。

13. 用沸水烫熟。

14. 水开后下入面条煮熟。

15. 将鸡清汤调味烧开。

Note

16. 将鸡清汤注入碗内,再下入面条。　18. 三色手擀面制作完成。

17. 用油菜叶、胡萝卜刻成的花点缀即可。

六、营养成分分析

每 100 g 三色手擀面的营养成分:脂肪总量 1.8 g,钠 249.8 mg,碳水化合物总量 75.7 g,膳食纤维 1.5 g,蛋白质 10.8 g。

七、任务检测

(1) 面条的制作方法多种多样,有擀、_____、_____、_____、_____、_____、搓、拨、捻、剔、拉等。

(2) 将三色手擀面切成宽_____ cm 的细丝。

(3) 面条最初被称为"_____"。

(4) 手擀面距今已有_____多年的历史。

参考答案

八、评价标准

评价内容	评价标准	满分	得分
成形手法	三色手擀面的揉、饧、擀、叠、压、切等手法正确	10	
成品标准	三色手擀面的成品细如丝线,面条色彩鲜艳,口感筋道	10	
装盘	成品与盛装器皿搭配协调,造型美观	10	
卫生	工作完成后,工位干净整齐,工具清洗干净并摆放入位	10	
合计		40	

Note

九、拓展任务

兰州牛肉拉面的制作

（1）拉面制作的工艺流程：和面→饧面→加拉面剂搋面→溜条→下剂→拉面→煮面。

（2）拉面的操作要点：拉面油需选用一级精炼菜籽油。

（3）拉面原料：面粉 500 g、盐 4 g、拉面剂 2％、水 250～300 g。

（4）拉面制作方法。

①和面（选用高筋面）：和面的水应根据季节确定温度，夏季水温要低，10 ℃左右，春秋季 18 ℃左右，冬季 25 ℃左右。只有在特定水温下，面粉中所含蛋白质才不会发生变性，生成较多的面筋网络，淀粉也不发生糊化，充实在面筋网络之间。夏季和制时，因为气温较高，即使使用冷水，面团筋力也会下降。遇到这种情况，可适当加点盐，因为盐能增强面团筋力的强度和面团的弹性，并使面团组织致密。拉面剂使用时用温热水化开，并晾凉（每 500 g 拉面剂加水 2500 g，可拉面粉 75～90 kg）。首先将拉面剂放在容器里加少量水融化备用，将面粉倒在案板上，同时均匀把盐洒在面粉上，也可用盆，中间开窝，倒入水，500 g 面粉用水 250～300 g（面粉筋度不同，含水量不同，用水量亦不同）。第一次用水量约为总量的 70％。操作时应由里向外，从下向上抄拌均匀，拌成梭状（雪片状）。拌成梭状后需淋水继续和制（也可一点点加水和成梭状，然后再淋水把梭状面和在一起），第二次淋水约占总量的 20％，另外 10％的水应根据面团的具体情况灵活处理。和面时采用捣、揣、揉等手法，捣是用手掌或拳撞压面团；揣是用掌或拳交叉捣压面团；揉是用手来回搓或擦，把面调和成团。和面主要是需要捣面，双拳（同时沾拉面剂和水，但要注意把水完全打到面里）击打面团，非常关键的是将面团打扁后再将面叠合时，一定要朝着一个方向（顺时针或逆时针），否则面筋容易紊乱，此过程得 15 min 以上。一直揉到不沾手、不沾案板，面团表面光滑为止。有一个非常简单的小现象，把面捣到起小泡泡后就差不多了。拌成梭状是为了防止出现包水面（即水在大面团层中积滞），因包水面的水相和粉相分离，致使面团失去光泽和韧性。捣、揣、揉是防止出现包渣面（即面团中有干粉粒），促使面筋较多吸收水分，充分形成面筋网络，从而产生较好的延伸性。

②饧面：在揉好的面团表面刷油，盖上湿布或者塑料布，以免风吹后面团表面出现干燥或结皮现象，静置 30 min 以上。饧面的目的是使面团中央未吸足水分的粉粒有充分吸水的时间，这样面团中就不会产生小硬粒或小碎片，使面团均匀，更加柔软，并能更好地形成面筋网络，提高面

的弹性和光滑度,制出的成品也更加爽口筋道。

③加拉面剂搋面:将加好拉面剂和水的面团揉成长条,两手握住两端上下抖动,反复抻拉,根据抻拉面团的筋力,确定是否需要搋拉面剂。经反复抻拉、揉搓,一直到面团的面筋结构排列柔顺、均匀,符合拉面所需要的面团要求时,才可进行下一道工序。

④下剂:将面团放在案板上抹油,轻轻抻拉,然后将手掌压在面上,来回推搓成粗细均匀的圆形长条状,再揪成粗细均匀、长短相等的剂子,盖上油布,饧 5 min 左右,即可拉面。

⑤拉面:案板上撒上面粉,将饧好的剂子搓成条,滚上铺面,若拉宽面,则用手压扁,两手握住面的两端,然后抻拉,拉开后,右手面头交左手,左手两面头分开,右手食指勾住面条的中间再抻拉,待面条拉长后把面条分开。然后用左手中指勾住原右手面头,右手食指再勾入面条中间,向外抻拉,根据左手面条的粗细,用左手适当收面头,反复操作,面条可由 2 根变 4 根,4 根变 8 根,面条的根数就成倍地增加。面条粗细由扣数多少决定,扣数越多,面条越细,一般毛细 8 扣,细面 7 扣,二细 6 扣。拉好后,左手食指上的面倒入右手大拇指,用右手中指和食指将左手上的面夹断,下入锅中煮面。目前,根据剂子成形的不同和扣数的多少,拉面的主要品种有毛细、细面、二细、三细、韭叶、宽面、大宽、荞麦棱等。

⑥煮面:将拉好的面下入锅,锅内的水要开且要够,等面浮起,轻轻搅动,将面煮熟,捞于碗中。煮面的锅要用不锈钢锅等不易生锈的锅。

(5)牛肉汤制作的工艺流程:选料→浸泡→煮制→撇去浮沫→下调料包煮制→捞出牛肉并加工→吊汤→调味→成品。

(6)牛肉汤制汤原料:制汤选用牛腿骨、精牛肉、肥土鸡、牛肝,调味料有姜、草果、桂皮、丁香、花椒、三奈、盐,调味料中的草果需砸开,同桂皮、丁香、花椒、三奈用纱布包成调料包,一般总料不超过 80 g。

(7)牛肉汤制作方法。

①浸泡:将牛腿骨砸断,精牛肉切成 250~500 g 的块,同牛腿骨一起浸泡于清水中,浸泡过的水不可弃去,留作吊汤用。

②煮制:将浸泡过的精牛肉、牛腿骨、肥土鸡放锅中(不能用铁锅,铁锅易使汤汁变色),注入冷水,大火煮沸,撇去汤面上的浮沫,将拍松的姜和调料包下入锅内煮制,加盐;用文火煮制,始终保持汤微沸。煮制 2~4 h 后,捞出牛肉、腿骨、土鸡、姜和调料包。牛肝切小块放入另一锅里煮熟后澄清备用(也可和牛肉、牛腿骨、肥土鸡一起下锅煮制)。

③吊汤:将浸泡精牛肉的血水和牛肝清汤倒入牛肉汤中,大火煮沸后,改用文火,用手勺轻轻推搅,撇去汤面上的浮沫,使汤色更为澄清。汤是牛肉拉面的根本,若鲜香味不足,则需进一步吊制。方法:首先,停止加热,汤中脂肪便会逐渐上浮与水分层,将未发生乳化的浮油撇净,以免在吊汤时继续乳化,影响汤汁的澄清度;然后,用纱布或细网筛将原汤过滤,除去杂质;最后,将生牛肉中的精牛肉切成蓉,加清水浸泡出血水,然后将血水和牛肉一起倒入汤中,大火烧开后改成文火,等牛肉蓉浮起后,用漏勺捞起,压成饼状,然后再放入汤中加热,使其鲜味溶于汤汁中,加热一段时间后,去除浮物。行业中称此法为"一吊汤",若需要更为鲜纯的汤,则需"二吊汤"或"三吊汤"。

任务八 馓子麻花

扫码看课件

一、任务描述

内容描述

馓子麻花为传统面食,流行于北方地区。馓子麻花是一种盘条均匀、形似葫芦的油炸面点。在面点厨房中,利用面粉及糖油和冷水调制成较软的水调面团,采用揉、饧、搓、盘、压、切等手法,盘制成形后,炸制即成。

学习目标

（1）了解馓子麻花的相关知识。
（2）能够利用馓子麻花特殊成形的手法完成馓子麻花的盘制和炸制。
（3）能够按照制作流程,在规定时间内完成馓子麻花的制作。
（4）培养学生良好的卫生习惯,并遵守行业规范。

二、相关知识

❶ 馓子麻花的相关知识

馓子麻花是北方小吃中的精品,很受人们欢迎,它的制作比较麻烦。馓子麻花古名为环饼、寒具,质地酥脆,香甜可口。远在战国时期就有,秦汉以来成为寒食节的必吃食品。

馓子麻花是用水调面团揉拧成麻花形,炸制而成,是遍布全国的小食品,其历史悠久,源远流长。古代寒食节禁火,多食此物。《续晋阳秋》记载,"桓灵宝好蓄书法名画,客至,常出而观。客食寒具,油污其画,后遂不设寒具。"据此典故可知寒具是油炸食品。李时珍《本草纲目》记载,"寒具,冬春可留数月,及寒食禁烟用之,故名寒具。"到了清代,御膳房食单记载,"乾隆十九年(1754年)三月十六日总管马国用传皇后用野意果桌一桌十五品。"其中就有水调面麻花作点心。大约从清代起,将麻花、馓子分立,麻花较硬而粗,馓子细而散,但都是油炸食品。著名的天津桂发祥麻花,就是用水调面团加芝麻、青梅、糖姜、桃仁等果脯,经过搓拧,油炸而成。但也有称为馓子麻花的,如天津的王记麻花,就因条散而不乱,麻花不拧紧在一起而得名。

❷ 天津十八街麻花的相关知识

　　清朝末年,在天津卫海河西侧,繁华喧闹的小白楼南端,有一条名为十八街的巷子,在这个巷子里开了一家小小的麻花铺,叫作桂发祥。刘老八炸麻花有一手绝活,炸的麻花真材实料,选用精白面粉、上等清油,他的铺子总是顾客盈门。后来,他的生意越做越大,开了店面。开始还算是宾客满盈,但是随着时间推移,大家越来越觉得麻花乏而生腻,渐渐地生意就不如以往了。后来店里的少掌柜一次出去游玩,回到家是又累又饿,就要点心吃,可巧点心没有了,只剩下一些点心渣,又没有别的什么吃的。少掌柜灵机一动,让人把点心渣与麻花面和在一起做成麻花下锅炸。结果炸出的麻花不但酥脆不艮和香气扑鼻,而且味道还可口。按照这个方法,刘老八在麻花的白条和麻条之间夹进了什锦酥馅,比如桂花、闽姜、核桃仁、花生、芝麻,还有青红丝和冰糖。为了使自己的麻花与众不同,增强口感,延长放置时间,取材也是越来越精细,如用杭州西湖桂花加工而成的精品咸桂花,岭甫种植的甘蔗制成的冰糖,精制小麦粉等,最终形成什锦夹馅大麻花。如今桂发祥的招牌由书法名家赵半知所题,桂发祥麻花成为"天津三绝"之一,1989 年获全国食品金鼎奖和全国首届食品博览会银质奖,1991 年荣获全国驰名商标提名奖。

三、成品标准

　　馓子麻花成品色泽枣红,香酥可口,形似葫芦,芝麻盘条均匀,造型美观。

四、制作准备

❶ 设备与工具

（1）设备:操作台、案板、炉灶、炸锅、电子秤等。

（2）工具:不锈钢面盆、漏勺、手勺、片刀、餐盘等。

❷ 原料与用量

高筋面粉 200 g、低筋面粉 50 g、色拉油 30 g、红糖 30 g、小苏打 2 g、温水 100 g。

五、制作过程

1. 将面粉放在案板上开窝。

2. 中间加入色拉油、小苏打、温水。

3. 红糖用温水溶解开。

4. 将红糖水倒入面窝中。

5. 将面团和好后饧发 30 min。🖵

6. 将面团揉成长条。🖵

7. 将搓匀的长条揪成 20 个左右剂子。🖵

8. 将每个剂子再搓成长条。

9. 将每个长条均匀地裹上芝麻，搓匀。

10. 将每个蘸好芝麻的长条搓成长约 60 cm 的细条。

11. 将搓好的细条，每 4 条一组，粘在一起。

12. 将每组的细条盘成葫芦形状的麻花。

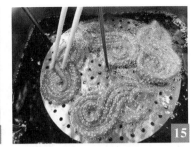

13. 麻花盘好后进行修整。

14. 将盘好的葫芦形状的麻花放入炸栏内。

15. 将盘好的葫芦形状的麻花放入 120 ℃的油锅
内，小火炸 5 min。

16. 将炸好的葫芦形状的麻花放入盘内点缀。

馓子麻花

成形过程

六、营养成分分析

每 100 g 馓子麻花的营养成分：热量 537 kcal，蛋白质 8.3 g，脂肪 31.5 g，钠 99 mg，钾 213
mg，镁 99 mg，碳水化合物 53.4 g，磷 136 mg。

七、任务检测

（1）馓子麻花古名为_____、_____，质地酥脆，香甜可口。

（2）炸制馓子麻花的油温为_____℃，炸制时间为_____。

（3）_____麻花成为"天津三绝"之一。

参考答案

八、评价标准

评价内容	评价标准	满分	得分
成形手法	馓子麻花的揉、饧、搓、盘、压、切等手法正确	10	
成品标准	馓子麻花成品色泽枣红，香酥可口，形似葫芦，芝麻盘条均匀，造型美观	10	
装盘	成品与盛装器皿搭配协调，造型美观	10	
卫生	工作完成后，工位干净整齐，工具清洗干净并摆放入位	10	
合计		40	

Note

九、拓展任务

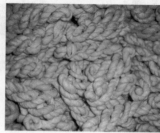

奶油麻花的制作

（1）原料：面粉 500 g、白奶油 8 g、白糖 80 g、酵母粉 3 g、盐 2 g、奶粉 4 g、泡打粉 10 g、蛋白糖 2 g、牛奶香粉 2 g、水 90 g、蛋清 1 g、黄奶油 8 g 等。

（2）制作方法。

①和面：将酵母粉、酥脆泡打粉、蛋白糖、奶粉、牛奶香粉、盐和白糖加入面粉中拌匀后，加入搅拌机，加水后开机搅拌，然后边搅拌边加入蛋清、色拉油、猪油、黄奶油、白奶油（先热成液体）等，一般搅拌 7～8 min。和好的面分成 4 份，待用。将面团拉成长条，每一条切成大小相等的剂子，再把剂子搓成粗条，放在案板上静置大约 5 min。把粗条搓成长条，一只手向外，另一只手往内，上劲后，搓至长 100 cm 左右，对折，再按照上述方法搓，然后从 1/3 处折回来，一只手放在上面，另一只手放在下面，将两头捏一下，一拧，五股麻花就成了。将搓好的麻花整齐地放在烤盘里，放在发酵箱里发酵。发酵箱温度 35～38 ℃，如果油制，发酵 15 min 即可；如果烤制，发酵 30～40 min 即可。

②烤制：预热烤箱，指针调到 290 ℃；烤制前，先给每个麻花浇上色拉油，一盘麻花一共浇400 g 左右的色拉油；然后放入烤箱，把温度调到 250～260 ℃，7～8 min 麻花表面白里透红，烤至底部呈黄色时即可出炉，出炉时戴厚手套，先倒尽盘中色拉油，再取出即可。

③炸制前，色拉油提前预热，待油温升至 160 ℃左右就可以炸制了；把麻花拿起轻轻地拉一下，拉长一点再放进油锅，炸制过程中要不停地翻动，这样炸制得更均匀，大约 2 min，表面呈金黄色就可以出锅了。

任务九　脆麻花

扫码看课件

一、任务描述

内容描述

麻花,中国的一种特色油炸面食小吃,全国各地皆有分布,主要属于炸制类的面点。在面点厨房中,用水调面团的和面手法,利用揣、揉、搓、揪、盘等手法,用炸制的方法制成。

学习目标

(1) 了解脆麻花的相关知识。

(2) 能够掌握脆麻花的和面手法。

(3) 能够按照制作流程,在规定时间内完成脆麻花的制作。

(4) 培养学生良好的卫生习惯,并遵守行业规范。

二、相关知识

❶ 脆麻花的传说故事

明末时,大营一带毒蝎横行,危害甚广,遭毒蝎蛰者约有半数不治而亡。人们为了诅咒蝎害,在每年的农历二月初二这天,家家户户把和好的面拉成长条,扭成毒蝎尾巴状,油炸后吃掉,称之为"咬蝎尾"。久而久之,这种"蝎尾"演变成了麻花。所以,大营麻花被赋予了吉祥如意、康泰平安的寓意。每逢年节或红白喜事,当地人总要用麻花待客或将其作为馈赠佳品。

清光绪二十八年,慈禧太后和光绪皇帝由西安回銮北京路过大营时,品尝大营麻花后赞不绝口,称其香、酥、脆,遂赐为贡品。成为贡品的大营麻花身价扶摇直上,工艺配方由创始者口传心授,秘而不宣。寻常百姓只能在喜庆婚宴、走亲访友、重大节日时偶尔品尝一下。

传说是东汉人柴文进发明了麻花,作法是以两三股条状的面拧在一起用油炸制而成。现主

思善侯柴文进

产于陕西咸阳、山西稷山、湖北崇阳及天津、湖南等地。其中山西稷山以咸香油酥出名,湖北崇阳以小麻花出名,天津以大麻花出名。另外,河南汝阳县麻花、江苏藕粉麻花、河南宁平麻花、湖南新化赵氏麻花各具特色。在中国北方地区,立夏时节有吃麻花的古老习俗。

❷ 关于麻花的散文

在我小的时候,家里特别穷,一日三餐都难以维持,吃的全是粗粮和白水熬的菜汤,别说麻花了,就连带一点油腥的食品,我们都是见都见不到,只是极少的时候,父亲出差回来能给祖父祖母买点麻花、糖和面之类的,祖父祖母再把少得可怜的这点俏货分给我们吃,馋人、揪心、期盼。后来,我们村子里从外地搬迁过来了一位"麻花师傅",他很勤劳,孤身一人来到这里,在我们村子的一个小山洼处亲手用黄泥、乱草垒起一个小窝棚,里面搭起锅台、小炕,这便成了简单的工作坊。看他做麻花,过程很简单,将矾、碱、老面用水溶化,加入白糖、鸡蛋、底油搅匀,加入面粉,将面和成光滑的面团。饧 1 h 左右,将面揪成等大的剂子,反向搓成长条,在三分之一处折回,三股搓在一起,便搓成了麻花,再一行行整齐地摆在帘子上饧一会就可以炸了。油温八成热,炸至金黄色出锅。说起来简单,实则是需要一定的技巧的,我至今还不会做。做好的麻花,几乎不用背到外面去买,十里八村、左邻右舍的乡亲们都纷纷来这里抢购,两毛钱一根,经济实惠,煞是好吃。我们村子里,每天早晨第一个起来的就是他,缕缕炊烟飘散着诱人的麻花香,惹得我们这些孩童们早早地聚拢在他家周围,伸着脖子,不停地嗅着鼻子,恨不得把空气中所有的油炸香气全部吸到自己的身体里。

三、成品标准

脆麻花形似绳条,色泽金红,口味甜香,质地酥脆。

四、制作准备

❶ 设备与工具

(1)设备:操作台、案板、炉灶、炸锅、电子秤等。

(2)工具:不锈钢面盆、手勺、片刀、餐盘等。

❷ 原料与用量

面粉 500 g、小苏打 5 g、红糖 60 g、色拉油 20 g、水 250 g 等。

五、制作过程

脆麻花

成形手法

脆麻花

炸制过程

1. 按照原料比例,称好后分别放入碗中。

2. 将色拉油倒入面粉中。　　3. 加入红糖水。

4. 将面揉成面团。　　　　　5. 饧面 30 min。

6. 取面团 25 g,搓成长条并左右手反搓上劲。

7. 将搓好的面条提起自然编成麻花状。🖥

8. 将麻花下入 180 ℃油锅中炸制。

9. 待麻花炸至金黄酥脆,即可捞出。🖥

10. 装盘点缀即可。

六、营养成分分析

每 100 g 脆麻花的营养成分：热量 537 kcal，蛋白质 8.3 g，脂肪 31.5 g，钠 99 mg，钾 213 mg，镁 99 mg，碳水化合物 53.4 g，磷 136 mg。

七、任务检测

（1）脆麻花面团的制作比例为_____。

（2）每 100 g 脆麻花中蛋白质含量为_____ g，钠的含量为_____ mg，碳水化合物的含量为_____ g。

（3）传说是东汉人_____发明了麻花。

八、评价标准

评价内容	评价标准	满分	得分
成形手法	脆麻花的揣、揉、搓、揪、盘等手法正确	10	
成品标准	脆麻花形似绳条，色泽金红，口味甜香，质地酥脆	10	
装盘	成品与盛装器皿搭配协调，造型美观	10	
卫生	工作完成后，工位干净整齐，工具清洗干净并摆放入位	10	
合计		40	

九、拓展任务

【老北京糖耳朵的制作】

（1）原料：面粉 750 g、麦芽糖 625 g、温水 250 g、菜籽油 1 kg、酵母 5 g、碱 2 g。

（2）制作方法：取 500 g 面粉、5 g 酵母、250 g 温水制作发酵面团，一边揉发酵面团一边一点点加入 2 g 碱并揉匀。将发酵面团一分为二。取 250 g 面粉、125 g 麦芽糖制作糖面团。三块面团擀至一指厚，叠成 3 层，糖面居中，发酵面居上下。切成 3 指宽的长条，一边按扁，对折待用。

将取待用的长条面切成两指宽的方块，每块中间从折叠处切一刀，不切断，距离对边 1.5 cm 左右。打开对折的方块，将按扁的一边放入中间横开缝隙并卷一圈翻出，另一边对折至中线，稍用力靠近中横缝，但不可进入。缝隙两边尽量留出空间分离开，整理成生坯。菜籽油 1 kg 入炒锅加热至五成热，依次下入生坯炸至金黄色控油捞出，趁热放入 500 g 麦芽糖中浸泡 1 min 左右，再捞出晾凉。

任务十　双色龙须面

一、任务描述

内容描述

　　双色龙须面为传统面食,流行于北方地区。双色龙须面是一种又细又长、形似龙须的面条。在面点厨房中,利用面粉和冷水调制成较软的水调面团,采用揣、揉、饧、擀、叠、压、抻等手法,并加以食用色素,炸制后,具有口感酥脆、口味咸香等特点。

学习目标

　　(1)了解龙须面的相关知识。

　　(2)能够利用双色龙须面特殊成形的手法完成其抻制。

　　(3)能够按照制作流程,在规定时间内完成双色龙须面的制作。

　　(4)培养学生良好的卫生习惯,并遵守行业规范。

二、相关知识

1 龙须面的相关知识

　　龙须面距今已有300多年的历史,是我国北方传统风味筵席面点品种之一。农历二月初二龙抬头,有吃龙须面的习俗。相传明代御膳房里有位厨师,做了一种细如发丝的面条,令皇帝胃口大开,边品尝边赞赏,龙颜大悦。可能因为这种面条细如发丝,犹如交织在一起的龙须,故名龙须面。龙须面的制作技艺可不简单,单是把每根面都拉得细如发丝,就需要深厚的功力。龙须面制作技艺被列入第二批国家级非物质文化遗产保护名录。由于龙须面面条较细,不宜在汤中泡太久,所以在做龙须面的时候,掌握面条入水的时间非常重要,而且也要趁热吃,不然面在汤里泡时间久了就太软了,失去了口感。在北方,人们以面食为主,比如馒头、包子、饺子、馄饨、烙饼、面条。可是北京人提到的"面",就不是这些了,而是面条,即"面"是面条的专有代称。面条有"长寿"的意思,所以北京人的面里有长寿面。北京人一般只吃抻面和切面。抻面就是把和好的面团放在案板上,用大擀面杖擀成大片;然后制作者右手用刀切条,左手推,让切好的面条粘上点干面,这样就不会粘在一起了;最后攒成一把,用双手拎起来抻,截去两头连接的地方后,立刻放入早已沸腾的锅里。切面就是先把面团擀成薄片,然后洒上干面,一层一层地叠起来,切成丝。面条煮好后,就放"浇头儿"搅拌之后食用。吃炸酱面,比较常见的就是猪肉丁炸酱面。吃时,讲究天冷时吃"锅儿挑"热面,天热时吃过水凉面,并且根据季节再佐以时令小菜,做"面码儿"。"面码儿"根据时令不同,各有讲究。初春,是掐头去尾的豆芽菜、小水萝卜缨,春末是青蒜、香椿芽、青豆嘴等,初夏则是新蒜、黄瓜丝、扁豆丝、韭菜段等。还有一种就是清汤面,面条煮熟加入调好味的清汤和配菜即可。

　　龙须面用料简单,工艺难度大,其关键有三环。

　　一是和面,面软适度,撅揉光滑、柔韧。二是溜条、抻条,抓面两头,均匀用力,上下抖动,交叉换位,反复交叉,把面溜"熟"、溜"顺";长条上案,两手按条,左手向里、右手向外,搓条上劲,提起两头,一抖一抻,再上案板,对折两根,撒上面粉,条不粘连,对折打扣,拉抻成丝。三是油炸,要注意油温不要高,操作要"三轻",即将抻好的面丝轻放油锅,用筷子轻拨面丝,炸至硬挺、呈浅乳黄色时,轻捞出锅。制成的龙须面面丝均匀,不并条、不断条,香甜脆爽。

三、成品标准

　　双色龙须面的成品细如发丝,黑黄相间,口感酥脆,口味咸香。

四、制作准备

❶ 设备与工具

（1）设备:操作台、案板、炉灶、炸锅、电子秤等。

（2）工具:不锈钢面盆、小漏勺、手勺、片刀、擀面杖、餐盘等。

❷ 原料与用量

面粉 750 g,水 350 g,盐碱水(碱 10 g、盐 7 g),竹炭汁 35 g,色拉油 2 kg。

五、制作过程

双色龙须面

抻龙须面

溜条

双色龙须面

抻龙须面

出条

1. 龙须面的原料准备。

2. 称水 350 g 备用。

3. 一半面粉中加入盐碱水、清水,揉成白色面团。

4. 揉好后饧面 30 min。

5. 一半面粉中加入盐碱水、竹炭汁,揉成黑色面团。

6. 饧好面团后上案抻长。

7. 将面条打扣撑开,去掉多余面。🖥

8. 反复打扣抻拉,将面抻细。🖥

9. 黑色面团与白色面团同样操作,抻成龙须面。

10. 将龙须面放入小漏勺中炸至成熟定形。

11. 将黑色龙须面炸至熟。

12. 装盘点缀即可,食用时可以蘸奶油。

Note

六、营养成分分析

每 100 g 双色龙须面的营养成分:脂肪总量 1.8 g,钠 249.8 mg,碳水化合物总量 75.7 g,膳食纤维 1.5 g,蛋白质 10.8 g。

参考答案

七、任务检测

(1) 面条有"＿＿＿＿＿＿＿"的意思,所以北京人的面里有长寿面。

(2) 双色龙须面的和面比例为＿＿＿＿＿＿＿＿＿＿＿＿＿＿＿＿＿。

(3) 制作龙须面的关键三环:＿＿＿＿＿＿,＿＿＿＿＿＿,＿＿＿＿＿＿。

(4) 双色龙须面距今已有＿＿＿＿＿＿多年的历史。

八、评价标准

评价内容	评价标准	满分	得分
成形手法	双色龙须面的揣、揉、饧、擀、叠、压、抻等手法正确	10	
成品标准	双色龙须面的成品细如发线,黑黄相间,口感筋脆,口味咸香	10	
装盘	成品与盛装器皿搭配协调,造型美观	10	
卫生	工作完成后,工位干净整齐,工具清洗干净并摆放入位	10	
合计		40	

九、拓展任务

◖═ 麻辣小面的制作方法 ═◗

(1) 原料:新鲜水面 1250 g、红油辣椒 150 g、酱油 200 g、花椒面 10 g、榨菜粒 20 g、碎花生 20 g、蒜泥水 50 g、姜汁 50 g、芝麻酱 20 g、小葱 25 g、味精 20 g、干净蔬菜 60 g、骨头汤适量等。

(2) 制作方法。

Note

①制味碗:将红油辣椒、酱油、花椒面、榨菜粒、碎花生、蒜泥水、姜汁、芝麻酱、小葱、味精依次加入味碗。根据顾客需求,添加适量骨头汤。

②煮面:锅内烧水,开后下面条;待开后撇去浮沫,放入干净蔬菜;待再开后,挑起蔬菜放入味碗边;面好后用篾兜挑面入味碗,即成。

(3)做法诀窍:制红油辣椒时,要待油稍冷,但还有热气时,放花椒面入内(油温以花椒面倒入时,仍在油中翻滚但不使花椒面焦煳为宜)。花椒面要用好花椒,现拌才香,不苦。火要旺。煮完一锅面后,要适当加沸水,使煮面水宽裕,若面汤酽了,则面条不易煮熟

任务十一　三色珍珠馓子

扫码看课件

一、任务描述

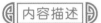 内容描述

　　馓子，又称食馓、捻具、寒具、麻物子，是一种油炸食品，备受西北地区老百姓欢迎。在面点厨房中，利用面粉和冷水调制成较软的水调面团，采用揣、揉、饧、搓、盘、绕、抻等手法，并加以食用色素，形成酥香、清脆、色彩艳丽的馓子。

学习目标

　　（1）了解馓子的相关知识。
　　（2）能够利用馓子特殊的成形手法，完成馓子的细加工。
　　（3）能够按照制作流程，在规定时间内完成三色珍珠馓子的制作。
　　（4）培养学生良好的卫生习惯，并遵守行业规范。

二、相关知识

❶ 馓子的相关知识

　　馓子古代被称为寒具。2000多年前我国著名的爱国诗人屈原写的《楚辞·招魂》中，就有"粔籹蜜饵，有餦餭兮"的句子。粔籹蜜饵、餦餭是什么东西？宋代林洪考证，"粔籹乃蜜面而少润者"，"餦餭乃寒具食，无可疑也"。那么，寒具究竟是什么？明代李时珍《本草纲目·谷部》中十分清楚地交代，"寒具即食馓也，以糯粉和面，入少盐，牵索纽捻成环钏形……入口即碎，脆如凌雪。"可见馓子麻花的由来之久非一般食品可与之媲美的了。为什么古人要吃"寒具"这种食品？其中还有一段传说。古代清明节前一日为民间的寒食节，要禁火3天。晋陆翙的《邺中记》有"冬至一百五日为介子推断火，冷食三日"的记载，说的是介子推曾陪伴公子重耳一起过着流亡生活达19年之久，在重耳饿肚无食时，曾割肉献君，可谓忠心耿耿。但重耳重新执政为晋文公后，在论功行赏时却忘记了介子推。为此，介子推带了母亲去了绵山隐居。晋文公一日忽然想起介子推，亲自带人去绵山寻找，不见，命令放火烧山，想赶出介子推母子。不料介子推守志不移，不肯会见晋文公，母子双双抱木而被烧死。为此，晋文公十分悲痛，迁怒于火，下令此后每年介子推的忌日前3

天全国禁烟火,于是就有了寒食节。3天不动烟火,吃什么呢? 那就是寒具。它过油炸制,能够储存、不变质,保持酥脆不良,是当时最理想的食品了。春秋战国时期,寒食节禁火时食用的"寒具"即馓子。北方馓子以麦面为主料,南方馓子多以米面为主料。馓子色泽黄亮,层叠陈列,轻巧美观,干吃香脆可口,泡过牛奶或豆浆后入口即化。

❷ 关于馓子的散文

馓子跟麻叶类似,但做法不同。麻叶是将面粉、鸡蛋、菜籽油、芝麻、盐等混合在一起,加水揉成面团饧着,再像擀面条一样擀薄,切成3寸长、2寸宽的面片,中间划上一刀或三刀,单片或两片叠着,从刀口翻转一下就可以了。馓子有点像新疆的拉条子,搓成条在油盆里浸着,再扯出来盘成一大把,下油锅炸制。糖花馃子是发面做的,把红薯蒸熟加红糖压成泥,再把发好的面擀成饼,上面涂抹一层红薯泥卷起来,切成条,放倒,两片或三片一组,中间用筷子一夹,就变成了一只蝴蝶或一朵花的模样,炸制出来花色是分层的,又香又甜又好看。我最喜欢吃的还是糖花馃子。甜蜜的东西总是容易带来幸福感。我妈做的是关中馓子,跟外面卖的不一样。和面、擀面跟做麻叶都一样,但是造型要讲究些。要把馄饨皮大小的面片对折一下,在连接处切成细条,上面开口处不要切断,就像梳子,然后打开,对角一折,另外两个角翻转上去压在一处,这样就变成了一个扇面,往油锅里一下,细条迅速膨胀舒展开来,就像一朵朵菊花盛开。如今已不是物质生活贫乏的年代了,食物的充足丰盈已经让人的感觉变得麻木迟钝,年复一年的日子平淡无味。我们每天都在寻找那种记忆中的东西,但总也找不回来,那种总也找不回来的大概就是没有忧愁的少年时光吧!

三、成品标准

三色珍珠馓子形状呈"U"形,层叠排列,色泽黄绿红相间,色彩艳丽,气泡均匀,咸香酥脆,入口即化。

创新点:和馓子的面添加了菠菜汁、红菜头汁,突出了色彩,又提高了营养价值。

四、制作准备

❶ 设备与工具

(1) 设备:操作台、案板、炉灶、炸锅、电子秤等。

(2) 工具:不锈钢面盆、漏勺、手勺、片刀、擀面杖、餐盘等。

❷ 原料与用量

（1）原色面：面粉 100 g、清水 75 g、盐 3 g。

（2）绿色面：面粉 100 g、菠菜汁 75 g、盐 3 g。

（3）红色面：面粉 100 g、红菜头 75 g、盐 3 g 等。

（4）色拉油 2 kg。

五、制作过程

三色珍珠
徽子搓条
过程

1. 菠菜加水打成汁，过滤菜渣。

2. 红菜头加水打成汁，过滤菜渣。

3. 再打点紫甘蓝汁，与红菜头汁混合。

4. 取 70 g 三色蔬菜汁备用。

5. 面粉中加入盐、水和成白色面团。

6. 面粉中加盐、红菜头汁和紫甘蓝汁和成红色面团。

7. 面粉中加入盐、菠菜汁和成绿色面团。

8. 将面团饧发后搓成细条。🖵

9. 将细面条泡在色拉油中。

三色珍珠
馓子炸制
过程

10. 三色面在色拉油中泡 40 min。

11. 将泡好的面卷在手上。

12. 将面条用筷子撑起。

13. 将面条抻开。

14. 下入 120 ℃左右的油锅中炸至成熟。

15. 装盘点缀即可。

六、营养成分分析

每 100 g 三色珍珠馓子的营养成分：热量 432.4 kcal，膳食纤维 1.8 g，蛋白质 6.5 g，钙 17.9 mg，碳水化合物 44.7 g，铁 0.4 mg，脂肪 26 g，钠 10.8 mg，饱和脂肪 3.5 g，钾 75.3 mg。

七、任务检测

（1）馓子又称_____。_____多年前我国著名的爱国诗人屈原写的《_____》篇中，就有"粔籹蜜饵，有餦餭兮"的句子。

（2）将面条搓好后放入油中浸泡_____。

（3）炸制三色珍珠馓子的油温为_____℃左右。

参考答案

八、评价标准

评价内容	评价标准	满分	得分
成形手法	三色珍珠馓子的揣、揉、饧、搓、盘、绕、抻等手法正确	10	
成品标准	三色珍珠馓子形状呈"U"形，层叠排列，色泽黄绿红相间，色彩艳丽，气泡均匀，咸香酥脆，入口即化	10	

续表

评价内容	评价标准	满分	得分
装盘	成品与盛装器皿搭配协调,造型美观	10	
卫生	工作完成后,工位干净整齐,工具清洗干净并摆放入位	10	
合计		40	

九、拓展任务

〖 油炸馓子的制作方法 〗

(1) 原料:面粉 200 g、酵母 3 g、鸡蛋 1 个、黑芝麻 50 g 等。

(2) 制作方法。

①和面水的配制过程:锅里放入适量冷水,放入 1/4 个洋葱。放入适量花椒粒,开大火熬煮。煮到锅里飘出浓浓的花椒香味、水量剩下一半时关火。把熬好的汤汁舀在白色瓷碗内,可以看到汤汁呈淡淡的酱红色,非常漂亮,把汤汁放在一边降至微温,加入 1/4 茶匙食盐、1/4 茶匙酵母,搅拌均匀,放在一边静置 5 min,直至酵母溶于汤汁中形成酵母水。

②面团的和制方法与饧制:面粉加入和面盆里,用筷子在面粉中央挖个小洞,打入一个鸡蛋。用筷子把小洞边缘的面粉向里扒拉,使全蛋液和面粉充分融合,形成带有大量干粉的鸡蛋面絮。往剩余的干面粉上分次倒入适量调好的酵母水,用筷子把干面粉与酵母水搅拌均匀,形成没有干粉的湿面絮。用手把所有的面絮揉和在一起,反复揉制,揉成表面光滑的面团。盖上一块干净厨用布,放在一边饧制 30 min。

③剂子的制作与饧制:饧好的面团放在案板上,用手搓成长条的圆柱形。用刀把圆柱形长条面团分割成大小均等的剂子。取一个剂子,用手轻轻压在剂子的刀切面上,在案板上来回滚动,使剂子成为表面光滑的短圆柱形面团。用刷子蘸取适量食用油,在短圆柱形面团表面均匀地刷一层食用油。重复以上步骤,把所有的剂子都搓成短圆柱形面团,并在表面刷一层食用油,上面盖一层保鲜膜,放在一边至少饧 1 h。

④细面条搓制方法及油炸过程:左右手分别握着粗面条的两端,左右手相配合上下抖动,轻轻向外拉抻,使面条形成长长的细面条。用手握着细面条的一端,向中间折回,端口处与另一端并齐。长面条形成一个并列两根的环状面条。锅里放入适量食用油,大火烧至七八成热。用手提着八字形环状面条的一端,把面条移到油锅边,放入油锅中进行炸制。其间用筷子不停翻面,直至面条表面炸成金黄色,控油捞出,放在吸油纸上吸取表面多余油分。

Note

第二单元

膨松面团制品

学习导读

学习内容

本单元的学习内容是围绕京派创意面点中的膨松面团来展开的。每个任务都从任务描述、相关知识、成品标准、制作准备、制作过程、营养成分分析、任务检测、评价标准、拓展任务方面讲授，体现了理实一体化，并以工作过程为主线，夯实学生的技能基础。在学习成果评价层面，融入面点职业技能鉴定标准，强化练习与拓展，并专门设置了任务检测和拓展任务，能够全面检验学生的学习效果。任务中的任务描述融入了现代面点厨房中的岗位群工作要求及行业标准，培养学生在面点厨房中的实际工作能力。

膨松面团类型	膨松剂	膨松原理	面点特点	品种举例
生物膨松面团	酵母粉	酵母菌发酵产生CO_2气体	膨胀松软	枣泥寿桃
物理膨松面团	全蛋液、油脂	全蛋液、油脂被物理搅打充气气泡	较浓稠的膏状物	蛋糕
化学膨松面团	小苏打、泡打粉等化学膨松剂	化学膨松剂在制品加热成熟时发生化学反应，产生气体	和没加化学膨松剂的面团状态一样	油条

本单元由 11 个任务组成,其中任务一至二是训练京派创意面点膨松面团中的化学膨松面团,并突出创新理念,拓展任务是油炸黄金饼、油条。任务三是训练京派创意面点膨松面团中的半发面,拓展任务是椒盐麻酱烧饼。任务四是训练京派创意面点膨松面团中的特殊面团,拓展任务是冰花蛋散。任务五至十一是训练京派创意面点膨松面团中的特殊成形手法,拓展任务是酱肉包、叉烧包、刺猬包、佛手包、金鱼包、如意卷、蝴蝶花卷。

任务一　红糖油饼

扫码看课件

一、任务描述

内容描述

油饼是老北京的风味,老天津人称其为果头,老北京人一般将其作为早点。在面点厨房中,利用面粉、温水和泡打粉调制成较软的化学膨松面团,采用饧、揉、压、擀、搓等手法,用油锅炸制即成。

学习目标

(1) 了解化学膨松面团的相关知识。

(2) 能够调制化学膨松面团。

(3) 能够按照制作流程,在规定时间内完成红糖油饼的制作。

(4) 培养学生良好的卫生习惯,并遵守行业规范。

二、相关知识

❶ 化学膨松面团的定义

化学膨松面团是指把一定剂量的化学膨松剂放入面粉中调制而成的面团。化学膨松面团的膨松原理是利用化学膨松剂在面团中受热或遇水、遇油,产生一系列的化学反应,生成气体等,使面团变得膨胀松软。化学膨松面团具有制作工序简单,膨松力强、时间短,制品形态饱满、松软多孔、质感柔软等特点。化学膨松面团因不易受到糖油的干扰,可根据烹饪手法选用水蒸(如马拉盏)、油炸(如油条)、烘烤(如核桃酥)等来制作各式各样的产品。

❷ 油饼的来历

油饼起源于山东淄博博山。据说以前有一位大臣因罪被诛九族,整个家族只剩下一位女性。这位女性每天就用油和面做一筐饼,很好吃,但是,她每天也不多做,只做一筐,用来维持生计,后来她的油饼技术就流传下来了。现在,博山最正宗的油饼是阿润油饼。

❸ 关于油饼的散文

过去长沙人把贪污钱财叫作"吃油饼",油饼也确是长沙那时的美食,是普遍清贫中的一点膏腴。我从小生活在长沙,四六年起开始进茶馆面馆,但学生零花钱有限,消费水平以"一糖一菜"(两个包子)和"一碗肉丝"(面)为限,油饼通常是可望而不可即的东西。四九年参加工作后有了工资,才有了吃油饼(不是"吃油饼")的机会。

油饼馅分糖、肉两种,而以糖馅为多,糖内加桂花之类的香料,还要加入切成细颗粒的肥膘肉。饼从热油锅里出来,馅的糖和肥膘油融合成半流质,十分香甜。更好吃的则是包在馅外的分成若干层的"壳子",这须以面粉和油揉捏"起酥",师傅的手艺也主要体现在这一点上。

茶馆做的油饼个小,长三寸许,宽约二寸。有的茶馆油锅放在店门口,过路的人可以买着吃,用荷叶或裁成小块的旧纸包着,才出锅的油饼也不很烫手。

面馆里所做的才是正宗的,油饼只供应桌面,可依食客多少而定大小。大者盈尺,或八寸,或六寸,上桌时已切成若干"刹",以便用筷子夹。还有一种叫作"鸳鸯油饼",一边是糖,一边是肉,我以为制作时原是整个的糖饼或肉饼,切成两半后再拼合而成的。那肉馅的味道也特别好,胜于肉包子和盖在汤面上的肉丝。

吃油饼在物质匮乏时期成了真正的高级享受。有一次我从奇峰阁(原址在今长沙晚报门道)经过,见人们正在抢占位子。那时年纪还轻,手脚麻利,疾步向前抢坐上了。没占到位子的人就站在幸运者的背后,一对一,准备坐下一轮,还有一位坐客身后站着两个人的。大家都兴奋地互相告语:"有油饼吃了。"

大堂内十几张桌子坐满人,人后面又站满了人之后,服务员才慢慢地一桌一桌来收粮票和钱,一面呵斥站着的人让开些,说是不一定有第二轮供应。无论是站着的还是坐着的顾客,这时对服务员的态度都十分恭谨,唯唯诺诺,满面笑容,绝无一人敢顶撞。而每桌八人中,亦早已有热心公益者将粮票和钱收好,小心地交给姗姗来迟的服务员。

有次和我同坐一条凳的是位退休教师,交出钱粮后等油饼来的时间显得特别长,互相都想寻点话说。他就告诉了我一个"排队等吃六字诀",在"稳准狠"的前后加上"等忍哽",即站死也要等,挨骂也要忍;挤位子要狠,出筷子要准;油饼夹得稳,吞下喉咙不怕哽,说后苦笑几声。油饼上桌后即无暇再谈,切好的八"刹"一人一"刹","稳准狠哽"当场就兑现了。

当时我谋生之处离奇峰阁不远,自从发现此处不定期有油饼供应,便着意联络,注意信息。有次得信,匆忙赶去,而全堂已满,被友好的服务员安排到楼梯下面堆杂物的"保管室"中静候。同时受优待的还有几位,一位坐在酱油坛子上,像猪八戒吃人参果似的将八分之一油饼吃完,站起身来,那雪白的府绸衬衫后摆拖在坛子里,酱油已经爬上背心了。

二十年来生活改善,人们渐渐不喜欢吃重糖重油,油饼早已从美食的宝座上下跌,近几年简直少见了。老来脚软,面馆少进,茶馆则变成了年轻人关起门谈爱的地方,供应的已是咖啡西点。前几天女儿一家邀我和老伴去吃点心,据说是长沙市内花色品种最多最好的一家,陈列的几十样中有金钩萝卜饼、土豆饼、南瓜饼、葱油饼……却不见过去熟悉的油饼,大概它真同奇峰阁楼梯底下的日子一样一去不返了。在街头的摊子上,偶尔还看见有近似过去茶馆所制小油饼那样的东西,却已沦为糯米糕和糖油粑粑一流,无复当年的身价。现在贪污受贿早就不再被称为"吃油饼",大概得吃鱼翅鲍鱼了吧。

——钟叔河《吃油饼》

三、成品标准

红糖油饼色泽金黄,口感香脆、松软,香甜可口。

四、制作准备

❶ 设备与工具

(1)设备:操作台、案板、炉灶、炸锅、电子秤等。

(2)工具:不锈钢面盆、长筷子、手勺、片刀、擀面杖、餐盘等。

❷ 原料与用量

(1)油饼:中筋面粉 500 g、泡打粉 8 g、鸡蛋 1 个、温水 325 g、色拉油 50 g。

(2)糖酥:面粉 150 g、红糖 60 g、白糖 30 g。

五、制作过程

Note

1. 将鸡蛋、色拉油、泡打粉加入盆中打散。

2. 加入温水,搅拌均匀。

3. 加入面粉揉搋成面团,饧发 1 h。

4. 将红糖、白糖搓化,加入面粉,揉成面团。

5. 将饧发好的面团分成 50 g 一个的剂子。

6. 将剂子按扁。

7. 将红糖剂子贴在白糖剂子上。

8. 将剂子擀薄,中间划 3 刀。

9. 下入油锅炸至金黄捞出。

10. 装盘点缀即可。

六、营养成分分析

每 100 g 红糖油饼的营养成分:热量 315.17 kcal,碳水化合物 42.42 g,脂肪 19.93 g,蛋白质 8.19 g。

七、任务检测

(1) 油饼面团的和制比例为＿＿＿＿＿＿＿＿。

(2) 化学膨松面团是指＿＿＿＿＿＿＿＿＿。

(3) 油饼起源于＿＿＿＿＿＿。

参考答案

八、评价标准

评价内容	评价标准	满分	得分
成形手法	红糖油饼的饧、揉、压、擀、搓等手法正确	10	
成品标准	红糖油饼色泽金黄,口感香脆、松软,香甜可口	10	
装盘	成品与盛装器皿搭配协调,造型美观	10	
卫生	工作完成后,工位干净整齐,工具清洗干净并摆放入位	10	
合计		40	

九、拓展任务

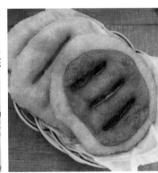

⊨◧ 油炸黄金饼的制作 ◪⊨

（1）原料：面粉 500 g、泡打粉 5 g、酵母粉 5 g、鸡蛋 2 个，芝麻 150 g、色拉油 25 g 等。

（2）制作方法。

①面粉加水、泡打粉、酵母粉和匀，擀成薄片后，刷上一层油，撒上少许椒盐卷成卷，揪成剂子后制成圆形面饼待用。

②把鸡蛋打破后刷在面饼上，面饼蘸上芝麻后稍饧，上屉蒸熟，取出待用。

③在锅内加入油烧至四五成热，将蒸好的面饼炸至金黄色即可。

任务二　夹心油条

扫码看课件

一、任务描述

内容描述

油条,又称馃子,是一种古老的面食,长条形中空的油炸食品,口感松脆有韧劲,中国传统的早点之一。在面点厨房中,利用面粉、温水、泡打粉、小苏打调制成较软的化学膨松面团,采用饧、揉、压、擀、搓等手法,用油锅炸制即成。

学习目标

(1)了解油条的相关知识。

(2)能够利用夹心油条的配方,调制化学膨松面团。

(3)能够按照制作流程,在规定时间内完成夹心油条的制作。

(4)培养学生良好的卫生习惯,并遵守行业规范。

二、相关知识

❶ 油条的典故

早在南北朝时期,北魏农学家贾思勰在其所著的《齐民要术》中就记录了油炸食品的制作方法,"细环饼,一名寒具,翠美"。唐朝时期,诗人刘禹锡在《佳话》中也提及寒具。《苕溪渔隐丛话》中提到,"东坡于饮食,作诗赋以写之,往往皆臻其妙,如《老饕赋》《豆粥诗》是也。又《寒具诗》云,'纤手搓来玉数寻,碧油煎出嫩黄深。夜来春睡无轻重,压扁佳人缠臂金'。"然而,这种叫"寒具"的食物应该形似女子佩戴的缠臂金,类似馓子,并非油条。油条应是南宋后对油炸面食的又一创新。

油条的叫法各地不一,山西称之为麻叶,东北和华北很多地区称油条为馃子,安徽一些地区称油馍,广州及周边地区称油炸鬼,潮汕地区等地称油炸果,浙江地区称天罗筋(天罗即丝瓜,老丝瓜干燥后剥去壳会留下丝瓜筋,其形状与油条极像,遂称油条为天罗筋)。

 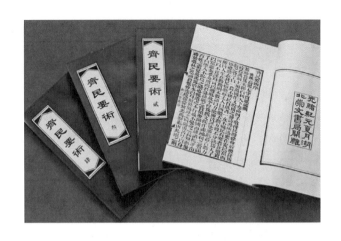

❷ 油条的来历

　　油条，又叫油炸果或果子，也有叫天罗筋的。咸丰年间张林西著《琐事闲录》则更是将各地对油条的称呼做了梳理，"油炸条面类如寒具，南北各省均食此点心，或呼果子，或呼为油坯，豫省又呼为麻糖、油馍，即都中之油炸鬼也"。油条当时在北京被叫作油炸鬼。

　　目前多推测油条起源于秦桧的年代，即南宋。但油条的起源地是南方还是北方，目前则一直有争议。《宋史》记载，南宋高宗绍兴十一年，秦桧等卖国贼以"莫须有"的罪名杀害了岳飞父子，南宋军民对此无不义愤填膺。当时在临安风波亭附近有两个卖早点的摊贩，各自抓起面团，分别搓捏了形如秦桧和其妻子王氏的两个面人，绞在一起放入油锅里炸，并称之"油炸桧"。一时，买早点的群众心领神会地喊起来，"吃油炸桧！吃油炸桧！"为了发泄心中愤恨，人们争相效仿。从此，各地熟食摊上就出现了油条这一食品。至今，有些地方仍把油条称为"油炸桧"。油条是中国大众非常喜欢的食品之一。

三、成品标准

　　夹心油条成品色泽金黄，口感松脆，口味咸香。

　　创新点：此油条在制作时加入馅料，使得口味更加丰富。

京派创意面点

四、制作准备

❶ 设备与工具

（1）设备：操作台、案板、炉灶、炸锅、电子秤等。

（2）工具：不锈钢面盆、长筷子、手勺、菜刀、擀面杖、餐盘等。

❷ 原料与用量

（1）油条：面粉 1500 g、鸡蛋 3 个、黄油 120 g、泡打粉 20 g、小苏打 5 g、水 800 g、牛奶 50 g、盐 20 g 等。

（2）馅料：叉烧馅料 100 g、鸡蛋韭菜馅料 100 g、三鲜馅料 100 g、咖喱馅料 100 g。

五、制作过程

1. 夹心油条原料准备。

2. 叉烧馅料、鸡蛋韭菜馅料、咖喱馅料、三鲜馅料准备。

3. 将夹心油条原料放入和面机搅打均匀。

4. 将面团用手揉至均匀。

5. 面团表面抹上色拉油。

6. 揉好的面团封保鲜膜。

7. 放入冰箱冷藏 12 h。

8. 将冷藏好的面团取出。

9. 将面按扁，厚 1 cm、宽 5 cm。

10. 用菜刀切成长 3 cm 的面片。

11. 将每个面片中间按一个窝。

12. 将馅料分别填入窝中。

13. 两个面片叠在一起，两侧压紧。

14. 双手按住两头，均匀往两侧抻拉。

15. 油温 180 ℃下入夹心油条，炸制 3 min，待夹心油条鼓起，表面金黄即可捞出。

16. 装盘点缀即可。

六、营养成分分析

每 100 g 夹心油条的营养成分：热量 386 kcal，蛋白质 7 g，碳水化合物 50 g，脂肪 18 g，烟酸 1 mg。

七、任务检测

（1）夹心油条面团的和制比例为_____。

（2）炸夹心油条的油温是_____℃，炸制时间为_____。

（3）油条的叫法各地不一，山西称之为_____，东北和华北很多地区称之为_____，安徽一些地区称_____，广州及周边地区称_____。

参考答案

Note

八、评价标准

评价内容	评价标准	满分	得分
成形手法	夹心油条的饧、揉、压、擀、搓等手法正确	10	
成品标准	夹心油条成品色泽金黄,口感松脆,口味咸香	10	
装盘	成品与盛装器皿搭配协调,造型美观	10	
卫生	工作完成后,工位干净整齐,工具清洗干净并摆放入位	10	
合计		40	

九、拓展任务

油条的制作方法

(1) 原料:面粉 500 g、明矾 14 g、盐 8 g、碱 10 g、色拉油 600 g、水 180 g。

(2) 制作方法。

①将明矾和盐碾成粉末,碱用水溶化,一起倒入不锈钢面盆中,加入水(冬天用温水),用手搅拌至盆底无粒屑、水起泡沫时,加入面粉,用双手抄拌,使劲揉至酵面光滑不黏手,上面用清洁的湿布盖好,静置 3 h 左右再进行第二次搓揉,称为复酵。揉透后用刀切成几条,再分别揉搓成长条,把它们摆放在盆内,条与条之间涂上一些油防粘,上面仍用湿布盖好(天冷用棉絮),静置 4 h,继续让其发酵。

②发酵好后,先在案板上撒一些干面粉,然后取一条酵面,用擀面杖擀平后再用双手捧住酵面两端,顺势拉成 1 cm 厚、7 cm 宽的长条,随即用刀切成 1 cm 宽、7 cm 长的小条(每条约重35 g),边切边将小面条翻转,使刀面朝上,切好后在上面撒一些干面粉。取出两小条,将它们轻轻搓一下,用手将面条拍扁,然后将两根面条叠合,用筷子在上面嵌一凹槽,即成油条生坯。

③待油温升至八成热,用双手捏住油条生坯两头,稍微拉长后绕成铰链形,再拉至 33 cm 左右长,沿锅边轻轻放入,同时摘去两头。边炸边用筷子拨动,使之翻身,炸至呈金黄色并鼓起时即可。

任务三　棋子麻酱烧饼

扫码看课件

一、任务描述

内容描述

棋子麻酱烧饼是一道北京常见面点。以面粉为饼,芝麻酱为馅。在面点厨房中,利用面粉、温水、泡打粉、酵母粉调制成较软的化学膨松面团,采用饧、揉、压、擀、搓、揪等手法,煎烤制成。

学习目标

(1) 了解棋子麻酱烧饼的相关知识。

(2) 能够利用棋子麻酱烧饼的配方调制化学膨松面团。

(3) 能够按照制作流程,在规定时间内完成棋子麻酱烧饼的制作。

(4) 培养学生良好的卫生习惯,并遵守行业规范。

二、相关知识

❶ 棋子麻酱烧饼的简介

棋子麻酱烧饼是一道常见面点。棋子麻酱烧饼含有多种维生素及微量元素,特别适合"三高"人群食用。

北京人统称棋子麻酱烧饼为烧饼,是大众化的小吃。过去不少回民餐馆都经营此类面食,外皮多数带有芝麻,中间都是涂麻酱作为酥层。回民小吃经常是配套供应,如豆汁配咸菜、焦圈,豆腐脑配棋子麻酱烧饼,老豆腐配火烧,馅饼配小米粥,薄脆配牛舌饼。

❷ 肉末烧饼的简介

清代宫廷菜是从关外带过来的食俗与鲁菜结合的结果。明朝都城迁移到北京时，宫廷中的厨师大多来自山东，宫廷饮食便以山东风味为主沿袭下来。

（1）原料：面粉、白糖、精猪肉、盐、胡椒粉、芝麻、色拉油。

（2）制作方法：水烧开后，离火略停，水中加入少量白糖，用热白糖水烫面，和好烫面面团，软硬适中即可，盖布饧面；精猪肉切碎成末（注意要切，不要剁），入炒锅略炒，断生即起锅，加入盐和胡椒粉拌匀（不要放葱姜）；把饧好的面团揉匀，然后用擀面杖擀成刀背厚的皮，上面均匀抹一层色拉油；把肉末均匀撒在面皮上，然后把面皮卷起来，用刀切成做烧饼合适大小的段，然后把烧饼段立起来，稍微拧一下，按扁成烧饼状，两面拍上芝麻；放入烤箱或微波炉烤制 15 min 左右即可。

❸ 咸、甜酥烧饼的简介

咸、甜酥烧饼的关键在于烧饼的酥是用 0.5 kg 油和 1 kg 面，加盐或白糖做成油酥面，然后面粉和酵母粉按 8：1 的比例发面作为皮面，然后再用皮面包油酥面，包好后揪成剂子，揉成小桃形，蘸上芝麻按扁，形状圆或方均可，入炉烤熟。放盐的就是咸酥烧饼，放白糖的就是甜酥烧饼，它们共同的特点是利口。

豆沙馅烧饼是北京小吃中的常见品种，因以豆沙为馅而得名。在烤制过程中，因烧饼边上有自然开口，吐出豆沙馅，挂在烧饼边上，所以被称为"蛤蟆吐蜜"。

制作方法：面粉加少量小苏打，用水和成面团，取面团一块，搓长条后揪剂子，擀成饺子皮状，包上豆沙馅（一般豆沙馅重量超过面团重量，如 17.5 g 的面皮，要包进 37 g 豆沙馅），将口捏紧按扁成烧饼，烧饼四周沾些水后蘸上芝麻，芝麻要密而匀，然后放入烤箱，因高温豆沙馅膨胀，烧饼边自然裂开一个小口，吐出豆沙馅。豆馅烧饼口感酥软、香甜。

❹ 黄桥烧饼的简介

黄桥烧饼产于江苏省黄桥镇，它之所以出名，与著名的黄桥战役是紧密相关的。在陈毅、粟裕等的直接指挥下黄桥战役打响后，黄桥镇 12 家农磨坊，60 只烧饼炉，日夜赶做烧饼。镇外战火纷飞，镇内炉火通红，当地群众冒着敌人的炮火把烧饼送到前线阵地，谱写了一曲军爱民、民拥军的壮丽凯歌。时隔 30 余年，粟裕将军重返黄桥，黄桥人民仍用黄桥烧饼盛情款待，他手捧烧饼，激动地勉励大家说："从黄桥烧饼我们看到了军民的鱼水深情，我们要继续发挥革命传统，争取更大光荣。"古代烧饼，制作精细。《随园食单》记载，烧饼的制作是"用松子仁、胡桃仁敲碎，加冰糖屑、脂油和面炙之"。黄桥烧饼吸取了古代烧饼的制作方法，保持了香甜、两面金黄，外撒芝麻、内擦酥这一传统特色，已从一般的擦酥饼、麻饼、脆烧饼等大众品种，发展到以葱油、肉松、鸡丁、香肠、白糖、橘饼、桂花等为馅的十多个精美品种。黄桥烧饼，或咸或甜，咸的以肉丁、肉松、火腿、虾米、香料等作馅料。烧饼出炉，色呈蟹壳红，不焦不煳不生，1983 年被评为江苏省名特食品。

三、成品标准

　　棋子麻酱烧饼形似棋子,色泽金黄,外焦里嫩,香味浓厚,一刀切开,层次清晰、均匀,香脆可口,吃后唇齿留香。

四、制作准备

❶ 设备与工具

(1) 设备:操作台、案板、炉灶、烤箱、电饼铛、电子秤等。

(2) 工具:不锈钢面盆、长筷子、手勺、片刀、擀面杖、餐盘等。

❷ 原料与用量

(1) 皮料:富强粉 500 g、泡打粉 7 g、酵母粉 5 g、温水 380 g 等。

(2) 馅料:麻酱 1 瓶、花椒面混合料(花椒面:茴香面:孜然面＝3:2:1)4 g、盐 8 g 等。

五、制作过程

棋子麻酱
烧饼擀制
面皮过程

棋子麻酱
烧饼卷制
面坯过程

棋子麻酱烧
饼包制烧饼
成形手法

1. 富强粉放入不锈钢面盆中,加入酵母粉、泡打粉搅拌均匀。

2. 富强粉中加入温水。

3. 揉成面团进行饧发。

4. 麻酱中加入老抽调匀。

5. 将饧发好的面团擀开。🖥

6. 将麻酱倒在擀开的面皮上。

7. 将花椒面混合料撒在麻酱上。

8. 将面皮抻拽卷起。

9. 卷起后将长条搓均匀。🖥

10. 揪成大小一致的剂子。

11. 蛋清中加入老抽调匀。

12. 将剂子拢起收口,蘸蛋清液。

13. 均匀粘上白芝麻。🖥

14. 将生坯下入电饼铛,烙至金黄色。

15. 将另一面烙至金黄色至熟即可。

六、营养成分分析

　　每 100 g 棋子麻酱烧饼的营养成分:热量 386 kcal,蛋白质 7 g,碳水化合物 50 g,脂肪 18 g,烟酸 1 mg。

七、任务检测

(1) 棋子麻酱烧饼面团的和制比例为_____。

(2) 黄桥烧饼产于_____镇,它之所以出名,与著名的_____战役是紧密相连的。

八、评价标准

评价内容	评价标准	满分	得分
成形手法	棋子麻酱烧饼的饧、揉、压、擀、搓、揿等手法正确	10	
成品标准	棋子麻酱烧饼形似棋子,色泽金黄,外焦里嫩,香味浓厚,一刀切开,层次清晰、均匀,香脆可口,吃后唇齿留香	10	
装盘	成品与盛装器皿搭配协调,造型美观	10	
卫生	工作完成后,工位干净整齐,工具清洗干净并摆放入位	10	
合计		40	

九、拓展任务

椒盐麻酱烧饼的制作方法

(1) 原料。

①饼皮:普通面粉 250 g、水 140 g、盐 2 g、白糖 10 g、酵母粉 2 g。

②馅料:芝麻酱 60 g、芝麻油 10 g、盐 2 g、花椒粉 2 g、白糖 15 g。

③表面装饰:熟芝麻 20 g、蜂蜜水 100 g。

④烘焙:烤箱中上层,180 ℃ 20 min 左右。

(2) 制作方法。

①饼皮:所有材料放入面包机揉成光滑的面团,加盖饧 20 min。

②芝麻酱先用芝麻油解开,加入馅料中的其他材料搅拌均匀备用。

Note

③取出面团,擀成大薄片,用勺子均匀地浇上馅料。

④将馅料抹匀后沿短边卷起,尽量卷紧点,切成大小均匀的 8 个剂子。

⑤将剂子的截面捏合收紧,立起来盖保鲜膜饧 15 min。

⑥将饼坯压扁,轻轻擀成饼状,表面刷蜂蜜水,将刷了蜂蜜水的一面蘸满熟芝麻后轻轻地按压,让芝麻蘸得更牢。

⑦依次做好所有饼坯,将芝麻面朝上放在铺了吸油纸的烤盘上,放入预热好的 180 ℃烤箱约 20 min,表面呈金黄色即可。

任务四　太极萨其马

一、任务描述

内容描述

萨其马,也写作"沙琪玛""萨齐马"等,香港称之为"马仔",是一种满族特色甜味糕点,以面粉、鸡蛋为主料。在面点厨房中,利用面粉、鸡蛋、臭粉和泡打粉调制成较软的化学膨松面团,采用饧、揉、压、擀、切等手法,炸制后裹蜜汁即成。

学习目标

(1) 了解萨其马的相关知识。

(2) 能够利用太极萨其马的配方调制化学膨松面团。

(3) 能够按照制作流程,在规定时间内完成太极萨其马的制作。

(4) 培养学生良好的卫生习惯,并遵守行业规范。

二、相关知识

❶ 萨其马的简介

(1) 历史起源与发展　《燕京岁时记》中记载,"以冰糖、奶油合白面为之,形如糯米,用不灰木烘炉烤熟,遂成方块,甜腻可食"。萨其马是当时重要的小吃。《光绪顺天府志》记载,"喇嘛点心,今市肆为之,用面杂以果品,和糖及猪油蒸成,味极美"。当年北新桥的泰华斋的萨其马奶油味最重,它北邻皇家寺庙,那里的喇嘛僧众是泰华斋的第一主顾,作为佛前之供,用量很大。1644 年,清军入关后,萨其马被满族人带入北京,自此开始在北京流行。萨其马以其松软香甜、入口即化的优点,赢得人们的喜爱。萨其马吃了耐饥,成了行走在京

西古道的马帮和驼队绝佳的便携美食,无意间让这道满族的美食点心沿着京西古道走向了全国。萨其马所含热量较高(脂肪含量约 54%),纵然味美可口,但为健康着想应尽量少吃。据考证,山

东沂水县自雍正年间就有人开始制作这类糕点，主要样式与萨其马无异，但多了砂糖和青红丝，吃的时候仍然是切块样式，当地人将其与月饼一起作为中秋节的祭祀食品。由于赛马赌博俗称"赌马仔"，因而有人迷信，吃了萨其马后，便可在赛马赌博中获胜。

（2）名称来源　在《五体清文鉴》（卷二十七・食物部・饽饽类）《御制增订清文鉴》（卷二十七・食物部・饽饽类）中均有词条对应萨其马，均为"糖缠"。《御制增订清文鉴》（卷二十七・食物部・饽饽类）中的解释译意即白面用芝麻油炸后，拌上糖稀，放洗过的芝麻制成。至于"枸奶子糖蘸"的说法，《五体清文鉴》（补编・饽饽类）《御制增订清文鉴补编》（卷三・饽饽类）中有词条"枸奶子糖缠"，直译即枸奶子、面粉的糖缠，《御制增订清文鉴补编》中释义为枸奶子、面粉在芝麻油里炸过后，拌上糖稀，然后放洗过的芝麻制成。《五体清文鉴》《御制增订清文鉴补编》中该词条后还有词条"葡萄糖缠""白糖缠"，故枸奶子糖缠应为糖缠的一种。

（3）命名传说。

传说一　清朝在广州任职的一位将军，姓萨，喜爱骑马打猎，而且每次打猎后都会吃一点点心，还不能重复！有一次萨将军出门打猎前，特别吩咐厨师要"来点新的玩意儿"，若不能令他满意，就准备回家"吃"厨子。负责点心的厨子一听，一个失神，把沾上全蛋液的点心炸碎了。偏偏这时将军又催要点心，厨子只好慌慌忙忙地端出点心来。想不到，萨将军吃了后相当满意，他问这点心叫什么名字。厨子随即回答一句"杀骑马"，结果萨将军听成了"萨其马"，因而得名。

传说二　有一位做了几十年点心的老翁，想创作一种新的点心，他在另一种甜点蛋散中得到了灵感，起初并没有为这道点心命名，便迫不及待地拿到市场卖。因为下雨，老翁便到一户大宅门口避雨。不料那户大宅的主人骑着马回来了，并把老翁放在地上盛着点心的箩筐踢到路中心去，点心全都无法食用了。后来老翁又做了一次同样的点心去卖，结果大受欢迎，有人问到这个点心的名字，他就答，"杀骑马"，后来人们将名字雅化成"萨其马"。

传说三　努尔哈赤远征时，见到一名叫"萨其马"的将军带着妻子给他做的点心，味道好，而且能长时间不变质，适合带去行军打仗。努尔哈赤品尝后大力赞赏，并把这种食物命名为"萨其马"。

三、成品标准

在传统萨其马上加以创新，形似太极，口味香甜，质地酥松，入口即化，造型美观。

四、制作准备

❶ 设备与工具

（1）设备：操作台、案板、炉灶、炸锅、熬制糖的铜锅、电子秤等。

（2）工具：不锈钢面盆、长筷子、手勺、片刀、擀面杖、餐盘等。

❷ 原料与用量

（1）黄色面团：面粉 250 g、鸡蛋 200 g、泡打粉 20 g、臭粉 1.5 g。

（2）黑色面团：竹炭汁 12 g、面粉 250 g、鸡蛋 200 g、泡打粉 20 g、臭粉 1.5 g。

（3）蜜汁：白糖 750 g、蜂蜜 150 g、柠檬酸 3 g 等。

五、制作过程

太极萨其马和制黄色面团

太极萨其马和制黑色面团

太极萨其马擀制面皮

1. 面团原料准备。

2. 熬制蜜汁原料准备。

3. 将面粉开窝，放入鸡蛋和成黄色面团。□

4. 将面粉开窝，加入鸡蛋、竹炭汁和成黑色面团。□

5. 将双色面团饧 30 min。

6. 将黄色面团擀成 0.2 cm 厚的面皮。□

Note

7. 用擀面杖继续压制。

8. 将黑色面团擀成 0.2 cm 厚的面皮,并压制。

9. 将面皮切成 0.2 cm 宽的细丝。

10. 将细丝下入 170 ℃油温中炸至熟。

11. 将蜜汁原料下入锅中,熬至黏稠。🖥

12. 将蜜汁加入炸好的细丝中搅拌均匀。🖥

13. 将模具抹上色拉油,将压制好的萨其马切成太极形。🖥

14. 太极萨其马制作完成,点缀装盘即可。

六、营养成分分析

每 100 g 太极萨其马的营养成分:热量 505.5 kcal,蛋白质 5.9 g,脂肪 30.4 g,饱和脂肪酸 16.6 g,多不饱和脂肪酸 1.3 g,碳水化合物 55.1 g,膳食纤维 3.0 g,钠 114 mg,维生素 E 3.61 mg,钙 6 mg。

七、任务检测

(1)太极萨其马黑色面团的和制比例为_____,太极萨其马黄色面团的和制比例为_____。

（2）每 100 g 太极萨其马的营养成分：热量_____ kcal，蛋白质_____ g，脂肪_____ g，饱和脂肪酸_____ g，多不饱和脂肪酸 1.3 g，碳水化合物_____ g。

（3）《燕京岁时记》中写道，"萨其马以_____、奶油合白面为之，形状如_____，用不灰木烘炉烤熟，遂成方块，甜腻可食"。

八、评价标准

评价内容	评价标准	满分	得分
成形手法	太极萨其马的饧、揉、压、擀、切等手法正确	10	
成品标准	太极萨其马形似太极，口味香甜，质地酥松，入口即化，造型美观	10	
装盘	成品与盛装器皿搭配协调，造型美观	10	
卫生	工作完成后，工位干净整齐，工具清洗干净并摆放入位	10	
合计		40	

九、拓展任务

▍冰花蛋散的制作方法▍

（1）原料：面粉 250 g、吉士粉 25 g、泡打粉 20 g、鸡蛋 200 g、山楂条 25 g、蜂蜜 50 g、姜汁 20 g。

（2）制作方法。

①面粉加泡打粉、吉士粉混合后，打入鸡蛋，用姜汁和成面团，饧 20 min 备用。

②将面团取出擀成薄片，切成两块大小相同的方形片，叠在一起，切成等宽的条，折起后中间顺切两刀，打开套翻一下即成生坯。

③将做好的生坯入油锅中炸成金黄，捞起控油，撒上蜂蜜、山楂条即可。

任务五　双色宫保鸡丁包

一、任务描述

内容描述

　　包子,是一道南北常见面点。以面粉为皮,馅料的种类丰富繁多。在面点厨房中,利用面粉、温水、泡打粉和酵母粉调制成较软的化学膨松面团,采用饧、揉、压、擀、搓、包等手法,蒸制而成。

学习目标

　　(1)了解包子的种类及特征。
　　(2)能够利用双色宫保鸡丁包的配方,调制化学膨松面团。
　　(3)能够按照制作流程,在规定时间内完成双色宫保鸡丁包的制作。
　　(4)培养学生良好的卫生习惯,并遵守行业规范。

二、相关知识

❶ 酵母膨松面团及其成品特点

　　面团的发酵是利用酵母菌在适当的温度、湿度等适宜外界条件,使面团中充满气体,形成均匀、细密的海绵状组织结构。行业中常常称其为发面、魅面或酵母膨松面团。

　　酵母膨松面团的成品特点:色泽洁白,体积疏松膨大,质地细密松软,组织结构呈海绵状,成品味道香醇适口,代表品种有各式馒头、花卷、包子等。

❷ 包子的典故

　　包子,在中国拥有多年的历史。早在三国时期,就流行用包子和馒头作干粮。中国古代神话故事《西游记》中的猪八戒对包子也是情有独钟。

　　日常生活中,人们早期食用的"馒头",最初是有馅的,后来出现了一段时间的粮荒,人们都买不起馅,就用纯面做馒头。后来,我国北方称无馅的为馒头,有馅的为包子。

　　若要把馒头和包子的来历讲清楚,必须从三国时期说起。据史料记载,诸葛亮辅佐刘备的过程中,率军进军西南征讨孟获。横渡泸水时,由于夏季天气过于炎热,造成瘴气滞留,而且水中含有毒性物质,士兵们饮用了泸水,死伤严重。诸葛亮冥思苦想后,下令让士兵们杀猪、宰牛,将牛肉和猪肉混合在一起，剁成肉泥，和入面里蒸熟，让士兵们食用，结果士兵们的不适症状很快消除。自此，人们开始制作"馒头"食用。随着社会生活地不断发展，逐渐演变为"馒头"里边装上馅料的食物，称为"包子"。

"包子"一词最早出现于宋代，此前主要被称为"馒头"。宋代出现"包子"之名后，"馒头"之称一直并行不衰。直到清代，"包子"和"馒头"的称谓才渐渐分化，而吴语区等地仍保留古称，将含馅者叫作"馒头"，如生煎馒头、蟹粉馒头等。包子是由面粉（小麦粉）和馅包起来的，荤馅或素馅，做好的包子皮薄馅多，松软好吃。还可以做各种花样，如仿动物的、仿植物的，供人们品尝。我们今天将包子的馅料加以创新，融入川菜元素，将馅料口味与传统菜肴宫保鸡丁相结合，使包子的风味别具一格。

❸ 宫保鸡丁的典故

当年丁宝桢由山东调任四川巡抚时，正值都江堰水患，这新官上任"三把火"，急促前往都江堰视察。由于中午饭的时辰已过，随便就在路旁一家小餐馆就餐，不巧那天餐馆的菜已卖光，无菜可食。很多人饥肠辘辘，等不及去别的餐馆，店家就用鸡肉等几种原料，快速炒炒了事。丁宝桢吃着感觉味道鲜美，打心里满意。因丁宝桢是当时的官府名人，从此，"宫保鸡丁"这菜就大出其名了。人们纷纷仿制食用，各大餐馆纳入菜单后，顾客也爱吃。当时各餐馆为了进一步扩大销量，就添加了花生仁、胡豆等食材。以前的宫保鸡丁是纯用鸡肉做成的，不放任何其他食材，偶有进餐者叫餐馆将炒花生倒入宫保鸡丁内，混合后，发现其味更佳，故后来又将花生加入烹制。如今的宫保鸡丁，烹饪时还增加了黄豆、木耳等食材，技巧更成熟，味道更鲜美。

三、成品标准

双色宫保鸡丁包成品呈绿黄双色，面皮绵软，馅料鸡丁嫩滑，口味酸甜微辣，葱香浓郁。

四、制作准备

❶ 设备与工具

（1）设备：操作台、案板、炉灶、蒸箱、蒸笼、电子秤等。

（2）工具：不锈钢面盆、长筷子、手勺、片刀、擀面杖、尺板、餐盘等。

京派创意面点

❷ 原料与用量

（1）绿色面团：面粉 250 g、泡打粉 5 g、白糖 25 g、酵母粉 5 g、菠菜 125 g。

（2）黄色面团：面粉 250 g、泡打粉 5 g、白糖 25 g、酵母粉 5 g、胡萝卜 125 g。

（3）馅料：鸡胸肉 250 g、大葱 100 g、姜末 10 g、蒜末 15 g、花生米 80 g、辣椒面 8 g、花椒15 g、干辣椒 15 g 等。

（4）调味料：盐 8 g、白糖 30 g、米醋 35 g、料酒 10 g、老抽 5 g、胡椒粉 1 g、鸡精 2 g、色拉油 60 g、香葱 50 g、水淀粉 50 g 等。

五、制作过程

1. 将菠菜打成汁,过滤残渣。

2. 将菠菜汁、酵母粉、白糖、泡打粉和水加入面粉中。

3. 将揉好的面团饧发 30 min。

4. 将胡萝卜蒸熟后打成泥。

5. 将胡萝卜泥、酵母粉、白糖、泡打粉和水加入面粉中。

6. 将揉好的面团饧发 30 min。

7. 将鸡胸肉切丁。

8. 将大葱切片。

9. 锅上火加入色拉油、干辣椒、花椒、姜末、蒜末和花生米等炒香捞出。

Note

10. 下入鸡丁煸炒至六成熟时,下入辣椒面炒出红油。

11. 鸡丁加入调味料进行调味,注意香葱最后加入。

12. 饧发好的面搓成条,揪成 25 g 一个的剂子。

13. 将剂子擀成边缘薄中间厚的面片。

14. 将宫保鸡丁馅料包入。🖥

15. 将包好的包子室温饧发 30 min,上蒸锅蒸 12 min 即可。

双色宫保
鸡丁包成形
手法

六、营养成分分析

（1）每 100 g 双色宫保鸡丁包的营养成分:热量 223 kcal,蛋白质 7 g,碳水化合物 47 g,脂肪 1.1 g,纤维素 1.3 g,维生素 B_2 0.02 mg,视黄醇当量 47.3 μg,膳食纤维 1 g,维生素 B_1 0.02 mg 等。

（2）每 100 g 花生的营养成分:热量 129 kcal,蛋白质 9.8 g,碳水化合物 6.9 g,脂肪 7.1 g,视黄醇当量 65 μg,膳食纤维 1.5 g,多不饱和脂肪酸 2.2 g,单不饱和脂肪酸 3 g。

七、任务检测

（1）双色宫保鸡丁包面团的和制比例为_____。

（2）酵母膨松面团的成品特点:_____、体积_____,质地_____,组织结构呈海绵状,成品味道香醇适口,代表品种有各式馒头、花卷、包子等。

（3）将包好的包子室温饧发_____ min 后,上蒸锅蒸_____ min 即可。

参考答案

Note

八、评价标准

评价内容	评价标准	满分	得分
成形手法	双色宫保鸡丁包的饧、揉、压、擀、搓、包等手法正确	10	
成品标准	双色宫保鸡丁包成品呈绿黄双色,面皮绵软,馅料鸡丁嫩滑,口味酸甜微辣,葱香浓郁	10	
装盘	成品与盛装器皿搭配协调,造型美观	10	
卫生	工作完成后,工位干净整齐,工具清洗干净并摆放入位	10	
合计		40	

九、拓展任务

酱肉包的制作

(1)原料:面粉 250 g、泡打粉 5 g、白糖 25 g、酵母粉 5 g、猪肉馅 250 g、大葱丁 50 g、姜末 25 g、甜面酱 25 g、生抽 20 g、老抽 10 g、料酒 25 g、香油 30 g、鸡精 15 g、盐 5 g 等。

(2)制作方法。

①锅中下油,待油温升至七成热时下猪肉馅炒散,然后加入甜面酱、白糖、盐和鸡精等其他调味料翻炒一会,然后放入大葱丁稍微炒一下盛出备用。

②将发酵好的面团取出,排出空气,搓成条后分成一个个的剂子。

③将剂子擀成面皮后包入馅料,收口后放入蒸锅,冷水上屉,开大火蒸至水开后转中火蒸 10 min 即可出锅。

任务六　枣泥寿桃

一、任务描述

内容描述

寿桃是中国神话中可使人延年益寿的桃子。枣泥寿桃以面粉、南瓜泥为主料,在面点厨房中,利用面粉、南瓜泥、酵母粉和泡打粉调制成较软的化学膨松面团,采用饧、揉、压、切等手法,蒸制即成。

学习目标

(1)了解寿桃的相关知识。

(2)能够利用枣泥寿桃的配方,调制化学膨松面团。

(3)能够按照制作流程,在规定时间内完成枣泥寿桃的制作。

(4)培养学生良好的卫生习惯,并遵守行业规范。

二、相关知识

寿桃是中国神话中可使人延年益寿的桃子。《神异经》记载,"东北有树焉,高五十丈,其叶长八尺,广四五尺,名曰桃。其子径三尺二寸,小狭核,食之令人知寿"。

寿桃也指祝寿所用的桃,一般用面粉做成,也有用鲜桃的。神话中,西王母娘娘做寿,设蟠桃会款待群仙,所以一般习俗用桃来做庆寿的物品。

献桃贺寿是中华传统民俗之一,有着悠久的历史。这一民俗的由来有两种说法,一种说法是说孙膑曾为母亲献上蟠桃,使得母亲返老还童,因而被效仿;另一种说法是寿桃模仿王母娘娘的"蟠桃",以沾喜气。寿桃,在明代时被称为龟桃。龟桃是从面龟、面桃演变而来的。《祭物志》记载,古代以面制龟,以面制桃,用以祈寿,后来合而为一,明代中期始称龟桃。

相传孙膑18岁离开家乡到千里之外的云蒙山拜鬼谷子为师学习兵法,一去就是12年。那年的五月初五,孙膑猛然想到,"今天是老母八十岁生日",于是向师傅请假回家看望母亲。师傅摘下一个桃送给孙膑说:"你在外学艺未能回报母恩,我送给你一个桃带回去给令堂祝寿。"孙膑回到家里,从怀里捧出师傅送的桃给母亲。没想到母亲还没吃完桃,容颜就变年轻了,全家人都非常高兴。

人们听说孙膑的母亲吃了桃变年轻了,也想让自己的父母长寿健康,便都效仿孙膑,在父母过生日的时候送鲜桃祝寿。但是鲜桃的季节性强,因此人们在没有鲜桃的季节里,用面粉做成寿桃给父母祝寿。

三、成品标准

枣泥寿桃形似鲜桃,色彩艳丽,形态逼真,面皮绵软,馅料香甜。

四、制作准备

❶ 设备与工具

(1)设备:操作台、案板、炉灶、蒸锅、蒸笼、电子秤等。

(2)工具:不锈钢面盆、长筷子、手勺、刮板、片刀、擀面杖、餐盘等。

❷ 原料与用量

(1)皮料:面粉 500 g、酵母粉 8 g、白糖 10 g、南瓜泥 250 g 等。

(2)馅料:枣泥馅 200 g。

五、制作过程

1. 原料准备。

2. 将酵母粉和白糖混合。

3. 加入温水。

4. 加入面粉中。

5. 加入南瓜泥。

6. 揪成大小均匀的剂子。

7. 馅料分好后搓成圆球。

8. 用剂子包好枣泥馅。

9. 捏出寿桃形状。

10. 用刮板压出寿桃纹路。

11. 白面团加入食用色素。

12. 做出寿桃叶子。

Note

13. 用长筷子和刷子抖上颜色。

14. 用模具压出"壽"字。

15. 将寿桃放入笼屉中蒸 25 min。

16. 装盘点缀即可。

六、营养成分分析

每 100 g 枣泥寿桃的营养成分：热量 362.6 kcal，蛋白质 5.9 g，脂肪 0.31 g，碳水化合物 82.86 g，膳食纤维 0.2 g。

七、任务检测

（1）枣泥寿桃的和制比例为_____。

（2）每 100 g 枣泥寿桃的营养成分：热量_____ kcal，蛋白质_____ g，脂肪 0.31 g，碳水化合物_____ g，膳食纤维 0.2 g。

（3）在_____不叫寿桃，而叫龟桃。龟桃，是从面龟、面桃演变而来的。《_____》记载，古代以面制龟，以面制桃，用以祈寿，后来合而为一，明代中期始称龟桃。

八、评价标准

参考答案

评价内容	评价标准	满分	得分
成形手法	枣泥寿桃的饧、揉、压、切等手法正确	10	
成品标准	枣泥寿桃形似鲜桃，色彩艳丽，形态逼真，面皮绵软，馅料香甜	10	

Note

续表

评价内容	评价标准	满分	得分
装盘	成品与盛装器皿搭配协调,造型美观	10	
卫生	工作完成后,工位干净整齐,工具清洗干净并摆放入位	10	
	合计	40	

九、拓展任务

叉烧包的制作方法

(1)原料。

①叉烧包芡汁 A:葱 2 根、姜 5 片、洋葱丝 30 g、芝麻油 15 g、花生油 30 g、老抽 20 g、生抽 30 g、鸡精 5 g、蚝油 30 g、白糖 80 g、清水 100 g。

②叉烧包芡汁 B:清水 100 g、生粉 50 g。

③馅料:叉烧 250 g、叉烧包芡汁 250 g。

④面种:低筋面粉 300 g、老面 50 g、清水 150 g。

⑤面皮:面种 500 g、细砂糖 150 g、低筋面粉 150 g、猪油 20 g、泡打粉 15 g、臭粉 1 g。

(2)制作方法。

①叉烧包芡汁的制作。

a. 热锅,倒入叉烧包芡汁 A 中的芝麻油和花生油,再将葱段、洋葱丝和姜片放进锅内爆香至金黄色。

b. 再倒入叉烧包芡汁 A 中的 100 g 清水和其他材料,煮 3 min 左右,捞出葱渣等。

c. 迅速将叉烧包芡汁 B(生粉 50 g、清水 100 g)倒入锅中。

d. 继续煮至芡汁呈浓稠状。

e. 将叉烧切成指甲大小的薄片。

f. 将芡汁和叉烧拌匀即成馅料。

②叉烧包面种的制作。

a. 将 50 g 老面和 150 g 清水调匀。

b. 将 300 g 低筋面粉倒进厨师机的搅拌桶内。

c. 用刮刀将面粉和水拌匀。

d. 开启厨师机,搅拌至面团成团即可。

e. 放 28～35 ℃下发酵 10 h 左右即成面种。

③叉烧包面皮的制作。

a. 在发酵好的面种里加入 150 g 细砂糖。

b. 先用刮刀将细砂糖和面种稍混合,然后开启厨师机的 2 档搅拌至糖溶化。

c. 加入臭粉,继续搅拌,再加入 20 g 猪油搅拌均匀。

d. 加入 150 g 低筋面粉和 15 g 泡打粉,继续搅拌至面团光滑。

e. 将面团分成 25 个 33 g 左右的剂子。

④叉烧包的包法及蒸制。

a. 取一块剂子,擀开成中间厚四周薄的圆形。

b. 右手食指和拇指环住面皮边缘向内聚拢,一直聚拢到完全收口,不要让馅料暴露在外。

c. 将做好的叉烧包生坯放进垫了油纸的蒸笼内,大火烧开锅内的水,把蒸笼放上去,盖上盖大火蒸。

d. 一直保持大火,蒸 6～7 min 即可,香甜的叉烧包就可以出炉了。

任务七　象形面点黄金杏

扫码看课件

一、任务描述

内容描述

象形面点黄金杏以面粉、胡萝卜泥为主料,在面点厨房中,利用低筋面粉、胡萝卜泥和酵母粉等调制成较软的生物膨松面团,采用饧、揉、压、切、捏、包等手法,蒸制即成。

学习目标

(1)了解象形面点的相关知识。

(2)能够利用象形面点黄金杏的配方,调制生物膨松面团。

(3)能够按照制作流程,在规定时间内完成象形面点黄金杏的制作。

(4)培养学生养成良好的卫生习惯,并遵守行业规范。

二、相关知识

❶ 黄金杏的简介

黄金杏,是从意大利引进的系列新品种,果实中大,平均单果重50 g,大小极整齐,果实呈椭圆形,果顶凹,缝线浅,两半部对称。果皮呈橙红色,着色均匀,不易剥离。果面茸毛稀,光滑有光泽。

❷ 象形面点的简介

中式面点中有一个品种叫象形面点,象形面点可分为仿植物形和仿动物形,仿植物形的往往是模仿自然界中的植物,如油酥制品中的荷花酥、百合酥、海棠酥等,蒸制品中的石榴包、寿桃包、葫芦包等,仿动物的有刺猬包、金鱼包等。

❸ 象形面点的手法——捏的简介

捏是以包为基础并配以其他动作来完成的一种综合性成形方法。捏的难度较大,技术要求高,捏出来的点心造型别致、优雅,具有较高的艺术性,所以这类点心一般用于中、高档宴席。宴席中常见的木鱼饺、月牙饺、冠顶饺、鸳鸯饺、四喜饺、蝴蝶饺、金鱼饺及部分油酥制品和苏州船点等均是用捏的手法来成形的。捏法包括挤捏(木鱼饺就是双手挤捏而成)、推捏(月牙饺就是用右手的大拇指和食指推捏而成)、叠捏(冠顶饺就是将圆皮先叠成三角形,翻身后加馅再捏而成)、扭捏(青菜饺就是先包馅再合拢,然后按顺时针方向把每边扭捏到另一相邻的边上去而成形的),还有花捏、褶捏等。捏法主要讲究的是造型。捏什么样式,关键在于捏得像不像,尤其是苏州船点中的动物、花卉、鸟类等,不仅色彩要搭配得当,更重要的是形态要逼真。

❹ 象形面点的手法——镶嵌的简介

镶嵌是把辅助原料嵌入生坯或半成品上的一种方法,如米糕、枣饼、百果年糕、松子茶糕、果子面包、夹沙糕、三色拉糕、八宝饭等都是采用此法成形的。用这种方法成形的面点,不再是原来单调的形态和色彩,而更为鲜艳、美观,尤其是有些品种镶嵌上红、绿丝等,不仅色泽较雅丽,而且也能调和品种本色的单一。镶嵌的辅助原料可随意摆放,但更多的是拼摆成图案样式的几何造型。

三、成品标准

象形面点黄金杏形似鲜杏,色彩艳丽,形态逼真,馅料香甜。

四、制作准备

❶ 设备与工具

(1)设备:操作台、案板、炉灶、蒸锅、蒸笼、电子秤等。

(2)工具:不锈钢面盆、毛笔、尺板、片刀、擀面杖、餐盘等。

❷ 原料与用量

(1)皮料:低筋面粉 250 g、酵母粉 3 g、白糖 10 g、胡萝卜泥 140 g、菠菜汁 30 g 等。

(2)馅料:莲蓉馅 100 g。

五、制作过程

象形面点
黄金杏成
形过程

象形面点
黄金杏上
色过程

1. 低筋面粉中加入胡萝卜泥、酵母粉、白糖揉成
   面团。

2. 将面团搓成条,分成约 18 g 一个的剂子。

3. 剂子中包入约 8 g 莲蓉馅。

4. 将剂子收口,整理形状。

5. 用尺板压出杏的纹路。

6. 用毛笔压出杏的根部。

7. 用可可粉面作杏的毛尖。

8. 将牙签安装在杏的尖部位置。

9. 将制作好的生坯插在筷子上饧发。

10. 用牙刷和尺板相互交错给生坯上色。

11. 最后装上杏绿色根。

12. 点缀装盘即可。

Note

六、营养成分分析

（1）每 100 g 象形面点黄金杏皮料的营养成分：热量 362.60 kcal，蛋白质 5.9 g，脂肪 0.31 g，碳水化合物 82.86 g，膳食纤维 0.2 g。

（2）每 100 g 象形面点黄金杏馅料的营养成分：热量 485.03 kcal，蛋白质 8.19 g，脂肪 24.76 g，碳水化合物 60.54 g，膳食纤维 1.43 g。

（3）每 100 g 胡萝卜泥的营养成分：热量 25.32 kcal，蛋白质 1.0 g，脂肪 0.2 g，碳水化合物 8.1 g，膳食纤维 3.2 g，钠 121 mg，维生素 A 685 mg，维生素 E 0.31 mg，维生素 B_2 0.02 mg，维生素 B_6 0.16 mg，维生素 C 9 mg，叶酸 5 mg，磷 38 mg，钾 119 mg，钙 27 mg。

（4）每 100 g 菠菜汁的营养成分：热量 22.93 kcal，蛋白质 2.9 g，脂肪 0.4 g，饱和脂肪酸 0.1 g，单不饱和脂肪酸 0.2 g，碳水化合物 0.4 g，膳食纤维 2.2 g，钠 79 mg，维生素 A 469 mg，维生素 E 2.03 mg，维生素 B_2 0.19 mg，维生素 B_1 0.08 mg，维生素 B_6 0.19 mg，维生素 C 28.1 mg，叶酸 194 mg，磷 49 mg，钾 558 mg，钙 99 mg，镁 79 mg。

七、任务检测

（1）象形面点黄金杏皮料的和制比例为_____。

（2）每 100 g 象形面点黄金杏馅料的营养成分：热量_____ kcal，蛋白质 8.19 g，脂肪 24.76 g，碳水化合物_____ g，膳食纤维_____ g。

（3）中式面点中有一个品种叫象形面点，象形面点可分为仿_____形和仿_____形。

参考答案

八、评价标准

评价内容	评价标准	满分	得分
成形手法	象形面点黄金杏的饧、揉、压、切、捏、包等手法正确	10	
成品标准	象形面点黄金杏形似鲜杏，色彩艳丽，形态逼真，馅料香甜	10	
装盘	成品与盛装器皿搭配协调，造型美观	10	
卫生	工作完成后，工位干净整齐，工具清洗干净并摆放入位	10	
合计		40	

九、拓展任务

刺猬包的制作

（1）原料：面粉 250 g、豆沙馅 100 g、酵母粉 3 g、水 120 g 等。

（2）制作方法。

①酵母粉用温水调匀后倒入面粉中搅拌均匀，揉成面团后饧发。

②饧发好的面团再次揉十几分钟，然后揪出剂子，用擀面杖擀成面皮。

③面皮中间放适量的豆沙馅，包起来，整理成椭圆形。

④用剪刀剪出刺猬的刺。

⑤用红豆做眼睛，即可。

任务八　象形面点橘子

扫码看课件

一、任务描述

内容描述

象形面点橘子以面粉、胡萝卜泥为主料,在面点厨房中,利用面粉、胡萝卜泥、酵母粉等调制成较软的生物膨松面团,采用饧、揉、压、切、捏、包等手法,蒸制即成。

学习目标

(1) 了解象形面点橘子的相关知识。

(2) 能够利用象形面点橘子的配方,调制生物膨松面团。

(3) 能够按照制作流程,在规定时间内完成象形面点橘子的制作。

(4) 培养学生养成良好的卫生习惯,并遵守行业规范。

二、相关知识

❶ 橘子的简介

中国是柑橘的重要原产地之一,中国的柑橘资源丰富,优良品种繁多,有 4000 多年的栽培历史。经过长期栽培、选择,柑橘成了人类的珍贵果品。湖南石门,种植柑橘悠久,早在 2000 年前,爱国诗人屈原就在故乡写下了《九章·橘颂》名篇。

橘子的果形通常为扁圆形至近圆球形,果皮甚薄而光滑,或厚而粗糙,果皮呈淡黄色,朱红色或深红色,甚易或稍易剥离,橘络甚多或较少,呈网状,易分离,通常柔嫩,中心柱大而常空,稀充实,有 7～14 瓣果肉。

❷ 如何选对发酵剂

发面用的发酵剂一般是酵母粉。它的工作原理是在合适的条件下,酵母粉在面团中产生二氧化碳气体,再通过受热膨胀使得面团变得松软可口。酵母粉是一种天然的酵母菌提取物,它不仅营养丰富,更可贵的是,它含有丰富的维生素和矿物质,且对面粉中的维生素有保护作用。不仅如此,酵母菌在繁殖过程中还能增加面团中 B 族维生素的含量。所以,用它发酵制作出的面食

Note

成品要比未经发酵的面食(如面条等)营养价值高出好几倍。酵母粉的发酵力是酵母粉质量的重要指标。在面团发酵时,酵母粉的发酵力对面团发酵的质量有很大影响。如果使用发酵力低的酵母粉发酵,将会引起面团发酵迟缓,容易造成面团涨润度不足,影响面团发酵的质量。所以要求一般酵母粉的发酵力在 650 g 以上,活性酵母粉的发酵力在 600 g 以上。

❸ 选发酵剂的用量方法

在面团发酵过程中,发酵力相等的酵母粉,在同条件下对同品种面团进行发酵时,如果增加酵母粉的用量,可以促进面团发酵速度;反之,如果减少酵母粉的用量,面团的发酵速度就会显著地减慢。所以,在面团发酵时,可以通过增加或减少酵母粉的用量来适应面团发酵工艺要求。对于面食新手来说,发酵粉宜多不宜少,这样更能保证发面的成功率。酵母粉是天然物质,用多了也不会造成不好的结果,只会提高发酵的速度。

三、成品标准

象形面点橘子色彩艳丽,形态逼真,馅料香甜。

四、制作准备

❶ 设备与工具

(1)设备:操作台、案板、炉灶、蒸锅、蒸笼、电子秤等。

(2)工具:不锈钢面盆、筷子、手勺、刮板、片刀、擀面杖、餐盘等。

❷ 原料与用量

(1)皮料:低筋面粉 250 g、酵母粉 3 g、白糖 10 g、胡萝卜泥 140 g、菠菜汁 30 g。

(2)馅料:莲蓉馅 100 g。

五、制作过程

1. 低筋面粉中加入胡萝卜泥、酵母粉、白糖揉成面团。
2. 将面团搓成条,分成约重 18 g 的剂子。
3. 剂子中包入约 8 g 莲蓉馅。
4. 用毛笔钻出橘子的根部。
5. 用毛刷扎出橘子皱点。
6. 将橘子插在筷子上饧发。
7. 将蒸熟的橘子安装上绿根(用菠菜汁和面)。
8. 点缀装盘即可。

六、营养成分分析

(1) 每 100 g 象形面点橘子皮料的营养成分:热量 362.60 kcal,蛋白质 5.9 g,脂肪 0.31 g,碳水化合物 82.86 g,膳食纤维 0.2 g。

(2) 每 100 g 莲蓉馅的营养成分:热量 485.03 kcal,蛋白质 8.19 g,脂肪 24.76 g,碳水化合物 60.54 g,膳食纤维 1.43 g。

(3) 每 100 g 胡萝卜泥的营养成分:热量 25.32 kcal,蛋白质 1.0 g,脂肪 0.2 g,碳水化合物 8.1 g,膳食纤维 3.2 g,钠 121 mg,维生素 A 685 mg,维生素 E 0.31 mg,维生素 B_2 0.02 mg,维

生素 B₆ 0.16 mg,维生素 C 9 mg,叶酸 5 mg,磷 38 mg,钾 119 mg,钙 27 mg。

（4）每 100 g 菠菜汁的营养成分:热量 96 kJ,蛋白质 2.9 g,脂肪 0.4 g,饱和脂肪酸 0.1 g,单不饱和脂肪酸 0.2 g,碳水化合物 0.4 g,膳食纤维 2.2 g,钠 79 mg,维生素 A 469 mg,维生素 E 2.03 mg,维生素 B₂ 0.19 mg,维生素 B₁ 0.08 mg,维生素 B₆ 0.19 mg,维生素 C 28.1 mg,叶酸 194 mg,磷 49 mg,钾 558 mg,钙 99 mg,镁 79 mg。

七、任务检测

（1）象形面点橘子皮料的和制比例为_____。

（2）发面用的发酵剂一般都用_____粉。它的工作原理是在合适的条件下,发酵剂在面团中产生_____气体,再通过受热膨胀使得面团变得松软可口。

（3）酵母菌在繁殖过程中能增加面团中_____维生素的含量。

参考答案

八、评价标准

评价内容	评价标准	满分	得分
成形手法	象形面点橘子的饧、揉、压、切、捏、包等手法正确	10	
成品标准	象形面点橘子色彩艳丽,形态逼真,馅料香甜	10	
装盘	成品与盛装器皿搭配协调,造型美观	10	
卫生	工作完成后,工位干净整齐,工具清洗干净并摆放入位	10	
合计		40	

九、拓展任务

⊟ 佛手包的制作 ⊟

（1）原料:低筋面粉 500 g、酵母粉 8 g、糖 50 g、鸡蛋 1 个、豆沙馅 200 g、泡打粉 15 g、水

Note

200 g、椰浆 30 g、猪油 20 g。

（2）制作方法。

①将揉好的面团揪成 40 g 大小的剂子，包入 20 g 左右的馅料，捏成鸡蛋形的坯子，收口朝下。

②将坯子的大头略压扁一些，并用刀均匀地切 4 刀，再向下微微弯曲，做出手指，后面修圆，即成生坯。

③将生坯放入笼屉内，饧 10 min 左右上笼，用旺火蒸 10 min 即可。

任务九　象形面点土豆

扫码看课件

一、任务描述

内容描述

象形面点土豆以面粉、吉士粉、可可粉为主料,在面点厨房中,利用面粉、吉士粉、可可粉、酵母粉等调制成较软的生物膨松面团,采用饧、揉、压、切、捏、包等手法,蒸制即成。

学习目标

(1) 了解象形面点土豆的相关知识。

(2) 能够利用象形面点土豆的配方,调制生物膨松面团。

(3) 能够按照制作流程,在规定时间内完成象形面点土豆的制作。

(4) 培养学生良好的卫生习惯,并遵守行业规范。

二、相关知识

❶ 发酵面团活化酵母粉的重要性

对于新手来说,酵母粉的用量把握不好和混合不均匀等会对发面结果产生一些影响。所以,建议新手先活化酵母粉:将适量的酵母粉放入容器中,加入 30 ℃左右的温水(和面全部用水量的一半左右即可,别太少,如果图省事,全部水量也没问题),将其搅拌至融化,静置 3～5 min 后使用,这就是活化酵母粉的过程。然后将酵母溶液倒入面粉中搅拌均匀。

❷ 发酵面团如何把握和面水温

温度是影响酵母粉发酵的重要因素。酵母粉在面团发酵过程中要求有适宜的温度,一般控制在 25～30 ℃。如果温度过低,会降低发酵速度;如果温度过高,虽然可以缩短发酵时间,但会给杂菌生长创造有利条件,杂菌生长繁殖快了会提高面团酸度。所以,面团发酵时温度最好控制在 25～28 ℃。但很多人厨房中没有食品用温度计怎么办?用手来感觉吧,别让你的手感觉到烫就行。特别提示:用手背来测水温。就算是在夏天,也建议用温水。

三、成品标准

象形面点土豆形态逼真,大小均匀一致,馅料香甜。

四、制作准备

❶ 设备与工具

(1) 设备:操作台、案板、炉灶、蒸锅、蒸笼、电子秤等。

(2) 工具:不锈钢面盆、长筷子、手勺、刮板、片刀、餐盘等。

❷ 原料与用量

(1) 皮料:低筋面粉 250 g、酵母粉 3 g、可可粉 10 g。

(2) 馅料:莲蓉馅 120 g。

五、制作过程

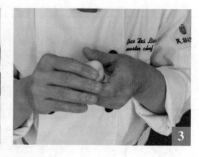

1. 将饧发好的面揪成约 20 g 一个的剂子,包入 10 g 莲蓉馅。

2. 将口收紧。

3. 将面坯搓圆。

象形面点
土豆土豆包
成形手法

象形面点
土豆点入
可可粉

4. 捏出土豆的形状。

5. 用牙签扎出土豆表面小
　坑。🖵

6. 将土豆坑点入可可粉。🖵

7. 将象形面点土豆蒸熟。

8. 点缀装盘即可。

六、营养成分分析

　　(1) 每 100 g 象形面点土豆皮料的营养成分:热量 362.60 kcal,蛋白质 5.9 g,脂肪 0.31 g,碳水化合物 82.86 g,膳食纤维 0.2 g。

　　(2) 每 100 g 莲蓉馅的营养成分:热量 485.03 kcal,蛋白质 8.19 g,脂肪24.76 g,碳水化合物 60.54 g,膳食纤维 1.43 g。

　　(3) 每 100 g 可可粉的营养成分:热量 320 kcal,蛋白质 21 g,脂肪 8 g,碳水化合物 40 g。

　　(4) 每 100 g 吉士粉的营养成分:热量 362.60 kcal,碳水化合物 85.71 g。

七、任务检测

　　(1) 象形面点土豆皮料的和制比例为_____。

　　(2) 温度是影响酵母粉发酵的重要因素。酵母粉在面团发酵过程中要求有适宜的温度,一般控制在_____℃。如果温度过低,会降低发酵速度。

　　(3) 将适量的酵母粉放入容器中,加入_____℃左右的温水(和面全部用水量的一半左右即可,别太少,如果图省事,全部水量也没问题),将其搅拌至融化,静置_____ min 后使用,这就是活化酵母粉的过程。然后将酵母溶液倒入面粉中搅拌均匀。

参考答案

八、评价标准

评价内容	评价标准	满分	得分
成形手法	象形面点土豆的饧、揉、压、切、捏、包等手法正确	10	
成品标准	象形面点土豆形态逼真,大小均匀一致,馅料香甜	10	
装盘	成品与盛装器皿搭配协调,造型美观	10	
卫生	工作完成后,工位干净整齐,工具清洗干净并摆放入位	10	
合计		40	

九、拓展任务

金鱼包的制作

（1）原料:面粉 500 g、牛奶 300 g、花生馅 60 g、酵母粉 5 g、泡打粉 6 g、白糖 50 g。

（2）制作方法:将所有原料(除花生馅)放在一起揉成面团,面团揉光,饧发 20 min。搓条揪剂子,包入花生馅,包成椭圆形状,用手在一边压出鱼尾,用刀将鱼尾一切为二,用牙签压出鱼尾的纹路。搓一小条面做成鱼嘴,用手捏出鱼背鳍。用剪刀剪出腹鳍,用小刀戳出鱼眼和鱼鳞。做好后,饧发一会,入蒸笼蒸熟,金鱼包就完成了。

任务十　象形面点青苹果

一、任务描述

内容描述

象形面点青苹果以面粉、叶绿素、可可粉为主料,在面点厨房中,利用面粉、叶绿素、可可粉、酵母粉和泡打粉调制成较软的膨松面团,采用饧、揉、压、切、捏、包等手法,蒸制即成。

学习目标

(1)了解象形面点青苹果的相关知识。

(2)能够利用象形面点青苹果的配方,调制膨松面团。

(3)能够按照制作流程,在规定时间内完成象形面点青苹果的制作。

(4)培养学生良好的卫生习惯,并遵守行业规范。

二、相关知识

❶ 青苹果的简介

青苹果原产于欧洲及亚洲中部,后来引入中国,在辽宁、河北、山西、山东、陕西、甘肃、四川、云南、西藏常见栽培,适生于山坡梯田、平原旷野以及黄土丘陵等处,海拔 50～2500 m,栽培历史久。青苹果的果实呈扁球形,直径在 2 cm 以上,先端常有隆起,萼洼下陷,萼片永存,果梗短粗。

❷ 发酵面团面粉和水的比例的重要性

面粉、水量的比例对发面很重要,那么什么比例合适呢? 大致的比例是 500 g 面粉,用水量不能少于 250 g。当然,无论是做馒头还是蒸包子,你完全可以根据自己的需要和饮食习惯来调节面团的软硬程度。酵母菌在繁殖过程中,在一定范围内,面团中含水量越高,酵母菌增殖越快,反之,则越慢。所以,面团调得软一些,有助于酵母菌数量增长,可加快发酵速度。正常情况下,

京派创意面点

较软的面团容易被二氧化碳气体膨胀,因而发酵速度快,较硬的面团则对气体膨胀力的抵抗能力强,从而使面团发酵速度受到抑制。所以,适当地提高面团的含水量对面团发酵是有利的。同时也要注意,不同种类的面粉吸湿性是不同的,实际操作中还是要灵活运用。

❸ 发酵面团要揉光滑

面粉与酵母粉、清水拌匀后,要充分揉面,尽量让面粉与清水充分结合。面团揉好的直观表现是面团表面光滑滋润。水量太少会揉不动,水量太多会沾手。

三、成品标准

象形面点青苹果色彩翠绿,形态逼真,馅料香甜。

四、制作准备

❶ 设备与工具

(1) 设备:操作台、案板、炉灶、蒸锅、蒸笼、电子秤等。

(2) 工具:不锈钢面盆、长筷子、手勺、刮板、片刀、餐盘等。

❷ 原料与用量

(1) 皮料:低筋面粉 250 g,酵母粉 3 g,白糖 10 g,菠菜汁 15 g,可可粉 3 g。

(2) 馅料:红豆沙馅 140 g。

五、制作过程

Note

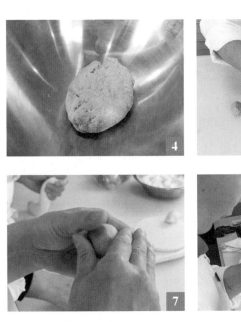

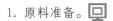

象形面点
青苹果
原料介绍

象形面点
青苹果
和面过程

象形面点
青苹果苹果
蒂的制作

象形面点
青苹果象形
苹果成形

1. 原料准备。

2. 低筋面粉中加入酵母粉、白糖。

3. 低筋面粉中加入菠菜汁。

4. 揉成面团后饧发。

5. 将面团搓成条，分成约15 g的剂子。

6. 将剂子按扁，包入8 g馅料。

7. 将口收紧捏成苹果形状。

8. 用长筷子戳一个窝。

9. 在窝周围用签子压出纹路。

10. 取一块白色面加入可可粉。

11. 用黑色面搓出苹果根。

12. 将苹果根蒸熟。

13. 做出苹果蒂，并使象形苹果成形。

14. 将苹果蒸熟装盘即可。

六、营养成分分析

（1）每100 g 象形面点青苹果皮料的营养成分：热量 362.60 kcal，蛋白质 5.9 g，脂肪 0.31 g，碳水化合物 82.86 g，膳食纤维 0.2 g。

（2）每100 g 可可粉的营养成分：热量 320 kcal，蛋白质 21 g，脂肪 8 g，碳水化合物 40 g。

（3）每100 g 红豆沙馅的营养成分：热量 246.51 kcal，蛋白质 5.5 g，脂肪 1.9 g，碳水化合物 52.7 g，不溶性膳食纤维 1.7 g，钠 24 mg，维生素 E 4.37 mg，维生素 B_1 0.03 mg，烟酸 0.3 mg，磷 68 mg，钾 139 mg，钙 42 mg。

（4）每100 g 菠菜汁的营养成分：热量 22.93 kJ，蛋白质 2.9 g，脂肪 0.4 g，饱和脂肪酸 0.1 g，单不饱和脂肪酸 0.2 g，碳水化合物 0.4 g，膳食纤维 2.2 g，钠 79 mg，维生素 A 469 mg，维生素 E 2.03 mg，维生素 B_2 0.19 mg，维生素 B_1 0.08 mg，维生素 B_6 0.19 mg，维生素 C 28.1 mg，叶酸 194 mg，磷 49 mg，钾 558 mg，钙 99 mg，镁 79 mg。

七、任务检测

（1）象形面点青苹果皮料的和制比例为＿＿＿＿＿。

（2）面粉、水量的比例对发面很重要。大致的比例是＿＿＿＿＿ g 面粉，用水量不能低于＿＿＿＿＿ g。

（3）面团揉好的直观表现是面团表面＿＿＿＿＿。水量太少会揉不动，水量太多会沾手。

参考答案

八、评价标准

评价内容	评价标准	满分	得分
成形手法	象形面点青苹果的饧、揉、压、切、捏、包等手法正确	10	
成品标准	象形面点青苹果色彩翠绿，形态逼真，馅料香甜	10	
装盘	成品与盛装器皿搭配协调，造型美观	10	
卫生	工作完成后，工位干净整齐，工具清洗干净并摆放入位	10	
合计		40	

九、拓展任务

如意卷的制作

（1）原料：精面粉 500 g、酵母粉 50 g、苏打粉适量、熟猪油 50 g、白糖少许等。

（2）制作方法。

①将精面粉倒在案板上，中间扒窝，加入酵母粉、清水、白糖后揉成团，用湿布盖好，待发酵好后加入苏打粉和熟猪油揉匀，饧约 10 min。

②将饧好的面团搓揉成长条，按扁，用擀面杖擀成约 20 cm 长、0.5 cm 厚、12 cm 宽的长方形面皮，刷一层熟猪油，由长方形的窄边向中间对卷成两个圆筒后，在合拢处抹清水少许，翻面，搓成直径 3 cm 的圆条，用刀切成 40 个面段，立放在案板上。

③笼内抹少许色拉油，然后把 40 个面段立放在笼内，蒸约 15 min 至熟即可。

任务十一　象形面点红富士

一、任务描述

内容描述

象形面点红富士以面粉、吉士粉、红菜头丝为主料,在面点厨房中,利用面粉、吉士粉、酵母粉和泡打粉调制成较软的生物膨松面团,采用饧、揉、压、切、捏、包等手法,蒸制即成。

学习目标

(1) 了解象形面点红富士的相关知识。

(2) 能够利用象形面点红富士的配方,调制生物膨松面团。

(3) 能够按照制作流程,在规定时间内完成象形面点红富士的制作。

(4) 培养学生良好的卫生习惯,并遵守行业规范。

二、相关知识

❶ 面花的典故

面花,又名花馍,是中国民间面塑品。"闻喜花馍"是山西省运城市闻喜县的传统名点,因花式各样而闻名。闻喜花馍盛行于明清时期,已有 1000 多年历史,已形成独特的艺术风格和完整的创作体系。

花馍同样以美味著名。闻喜花馍有"花糕""花馍""吉祥物""盘顶"四大系列 200 多个品种,2008 年被列为国家级非物质文化遗产,并于 2010 年在上海世博会展出。在 2012 年举办的"中国·闻喜花馍文化节"上创造了四项世界纪录。

民间逢年过节都要蒸制花馍,如春节蒸枣花、元宝人、元宝篮等;正月十五做面盏,做送给小孩的面羊、面狗、面鸡、面猪等;清明节捏面燕;乞巧做巧花(巧饽饽),形如石榴、桃、虎、狮、鱼等;四月,出嫁女儿给娘家送"面鱼",象征丰收;女儿出嫁陪嫁做"老虎头馄饨";寒食节上坟时做"蛇盘盘";做"春燕"表示春回大地;婴儿满月做"囫囵";给老人祝寿用"大寿桃"等。花馍在民间依时节和用途有各种形式。面果也是从花馍演变而来。

❷ **面团发酵保证适宜的温湿度**

一般发酵的最佳环境温度为 30～35 ℃,最好不超过 40 ℃,湿度在 70%～75%,这种环境是最利于面团发酵的。温度太低,因酵母粉活性较低而减慢发酵速度,延长了发酵所需时间;温度过高,则发酵速度过快。湿度低于 70% 时,由于面团表面水分蒸发过多而结皮,不但影响发酵,而且影响成品质量。适宜面团发酵的相对湿度,应等于或高于面团的实际含水量(面粉本身的含水量加上搅拌时加入的水量)。面团在发酵后温度会升高 4～6 ℃。若面团温度偏低,可适当增加酵母粉用量,以加快发酵速度。

❸ **影响面团发酵的因素**

(1) 糖的使用量为 5%～7% 时,酵母菌产气能力大,超过这个范围,糖量越多,发酵能力越受抑制,但产气的持续时间长,此时要注意添加氮源和无机盐。

(2) 盐能抑制酶的活性。因此,盐添加量越多,酵母菌的产气能力越受到限制。但盐可增强面团筋力,使面团的稳定性增强。添加少许盐,能缩短发酵时间,还能让成品更松软。

(3) 添加少许牛奶,可以提高成品品质。乳制品的缓冲作用,能使面团的 pH 下降缓慢。但在多糖且含有乳酸菌的面团中,乳酸菌繁殖迅速,使面团持气能力下降。

(4) 添加少许全蛋液,不仅能增加营养,而且全蛋液 pH 较高,具有缓冲作用和乳化作用,可增强面团的稳定性。

(5) 添加少许醪糟,能协助发酵并增加成品香气。

(6) 添加少许蜂蜜,可以加速发酵进程。

三、成品标准

象形面点红富士成品色彩艳丽,形态逼真,馅料香甜。

四、制作准备

❶ **设备与工具**

(1) 设备:操作台、案板、炉灶、蒸锅、电子秤等。

(2) 工具:不锈钢面盆、长筷子、手勺、刮板、片刀、餐盘等。

❷ **原料与用量**

(1) 皮料:低筋面粉 250 g、酵母粉 3 g、白糖 10 g、吉士粉 3 g、红菜头(刷苹果用)200 g 等。

(2) 馅料:莲蓉馅 200 g。

五、制作过程

1. 在低筋面粉中加入白糖、酵母粉、吉士粉、水,揉成面团饧发。

2. 将面团分成约重 18 g 剂子,包入约 12 g 莲蓉馅。

3. 包入馅料后将口收紧。

4. 将面坯捏成苹果形状。

5. 用长筷子点一个窝。

6. 用签子压出纹路。🖥

7. 将饧发好的面坯蒸熟。

8. 将蒸好的面坯晾凉。

9. 将红菜头切碎,挤出红菜头汁。

10. 用毛笔将红菜头汁刷在苹果上。🖥

11. 将刷好的苹果装上苹果根。

12. 装盘点缀即可。

六、营养成分分析

（1）每 100 g 象形面点红富士皮料的营养成分：热量 362.60 kcal，蛋白质 5.9 g，脂肪 0.31 g，碳水化合物 82.86 g，膳食纤维 0.2 g。

（2）每 100 g 莲蓉馅的营养成分：热量 485.03 kcal，蛋白质 8.19 g，脂肪 24.76 g，碳水化合物 60.54 g，膳食纤维 1.43 g。

（3）每 100 g 吉士粉的营养成分：热量 362.60 kcal，碳水化合物 85.71 g。

七、任务检测

（1）一般发酵的最佳环境温度在_____～_____℃，最好不超过 40 ℃。湿度在_____～_____，这种环境是最利于面团发酵的。

（2）糖的使用量为_____～_____时，酵母菌产气能力大，超过这个范围，糖量越多，发酵能力越受抑制，但产气的持续时间长，此时要注意添加氮源和无机盐。

（3）面花，又名_____，是中国民间面塑品。"闻喜花馍"是山西_____的传统名点，因花式各样而闻名。

参考答案

八、评价标准

评价内容	评价标准	满分	得分
成形手法	象形面点红富士的饧、揉、压、切、捏、包等手法正确	10	
成品标准	象形面点红富士成品色彩艳丽，形态逼真，馅料香甜	10	
装盘	成品与盛装器皿搭配协调，造型美观	10	
卫生	工作完成后，工位干净整齐，工具清洗干净并摆放入位	10	
合计		40	

九、拓展任务

蝴蝶花卷的制作

（1）原料：面粉 500 g、南瓜蓉 80 g、可可粉 30 g、白糖 40 g、酵母粉 6 g、泡打粉 8 g 等。

（2）制作方法：面粉中加入白糖、酵母粉、泡打粉，用温水和成面团；将面团分 3 份，其中 2 份分别与可可粉、南瓜蓉揉成彩色面团，擀成大小一致的薄片；将 3 种颜色的面皮叠加在一起，把面皮擀开，从一边卷起，切成 2 cm 的厚片；两片相对，用手捏成蝴蝶形，捏好的蝴蝶卷醒发一会入蒸笼蒸熟即可。

第三单元
油酥面团制品

学习导读

学习内容

　　本单元的主要学习内容是围绕京派创意面点中的油酥面团来展开的。每个任务都从任务描述、相关知识、成品标准、制作准备、制作过程等方面展开,体现了理实一体化,并以工作过程为主线,夯实学生的技能基础。在学习成果评价层面,融入面点职业技能鉴定标准,并设置任务检测与拓展任务环节,用实际操作来全面检验学生的学习效果。任务当中的任务描述融入了现代面点厨房中的岗位群工作要求及行业标准,培养学生在面点厨房中的实际工作能力。

油酥面团种类	主 要 配 料	成 团 原 理	面 点 特 点	品种举例
层酥面团	油脂、水	蛋白质溶胀作用.黏结作用	水面:细腻、光滑、柔韧 油面:可塑性很好,几乎没有弹韧性	佛手酥
混酥面团	糖、全蛋液、油脂、化学膨松剂	黏结作用	油面:可塑性很好,几乎没有弹韧性	象形核桃酥
浆皮面团	糖、油脂、化学膨松剂	黏结作用	油面:可塑性很好,几乎没有弹韧性	月饼

本单元由 10 个任务组成,其中任务一至三是训练京派创意面点油酥面团中的混酥面团,拓展任务是黄油饼干、桃酥、鸡仔饼、流心奶黄月饼,并突出强调创新理念;任务四到任务十是训练京派创意面点油酥面团中的层酥面团,拓展任务是腊味酥、蛋黄酥、千层莲蓉酥、叉烧酥、老婆饼、鲜虾千层酥、酥香榴莲酥。由于浆皮面团在京派创意面点中呈现效果不太典型,因此本单元中没有涉及。

任务一　象形柿子酥

扫码看课件

一、任务描述

内容描述

象形柿子酥由混酥面团制成,在面点厨房中,利用低筋面粉和黄油、胡萝卜泥加红菜头泥、太古糖粉调制成的混酥面团,采用揉、叠、压、揪、包、镶嵌等手法,放入烤箱烤制而成。

学习目标

(1) 了解混酥面团的相关知识。

(2) 能够利用象形柿子酥的配方,调制混酥面团。

(3) 能够按照制作流程,在规定时间内完成象形柿子酥的制作。

(4) 培养学生良好的卫生习惯,并遵守行业规范。

二、相关知识

❶ 油酥面团的简介

油酥面团是起酥类制品所用面团的总称,主要分为层酥面团、混酥面团(又名松酥面团)和浆皮面团三大类。混酥面团由水油酥面团(即用水、油、面粉混揉而成的面团)和干油酥面团(即用油和面粉揉制成的面团)组成,特点是外皮酥松、馅料香甜。

❷ 调制油酥面团的注意事项

调制油酥面团时要注意,用植物油和动物性油脂调制应有所区别,因为动物性油脂易凝固,需多加一些,否则面团硬。动物性油脂酥性好于植物油,所以制作高级点心时用动物油脂较多。还有需要注意的是:干油酥与水油酥的比例要掌握好。水油酥中,油与水、面粉的比例要准确。两块面团的软硬度要一致,否则不宜操作,影响质量。调制干油酥时用熟面粉调制,起酥性更好。

油酥面团主要用于制作酥皮类食品。它的原理如下：把干油酥包入水油酥中，经过擀、卷，使两块面团成为一个整体。由于两块面团的性质不同，干油酥被水油面层层隔离，形成很多层次。加热成熟后产生清晰的层次，达到酥松的效果。

制作酥皮类食品还要注意"包酥"这个环节。包酥的好坏，直接影响成品的质量。包酥具体分为大包酥和小包酥，它是根据制品的数量、质量要求来决定的。大包酥：一次加工几个或几十个制品。小包酥：一次包一个或几个。包酥时注意擀制要均匀，少用生粉，卷紧、盖上湿布等，每个环节都要把握好，这样才能制出好的成品。

加工酥皮类制品还分为"明酥""暗酥""半明半暗酥"。暗酥：酥层在里边，外面看不到，切开时才能见到，如酥饼、叉子饼等。明酥：酥层都在表面，清晰可见，如千层酥、兰花酥、荷花酥等。半明半暗酥：部分层次在外面可见，如蛤蟆酥、刀拉酥等。

❸ 调制混酥面团的注意事项

（1）混酥面团是指把一些化学膨松剂，如小苏打、发酵粉等掺入小麦面团内调制而成的面团，制成的生坯入炉烘烤，膨松剂受热分解，使制品具有膨松、酥脆的特点。

（2）油脂具有一定的黏性和润滑性，在与小麦粉结合时，小麦粉颗粒被油脂包围，形成油膜，油脂和小麦粉的广泛结合，增加了油脂和小麦粉的黏结性，防止了小麦粉中面筋蛋白质吸水而形成面筋网络，因此，松酥面团没有筋力，有较好的可塑性和松酥性。

（3）由于面团中小麦粉被油脂包围，颗粒之间距离加大，充满了空气，当面团烘烤时，气体受热膨胀，从而使制品松酥。

❹ 搅拌混酥面团的注意事项

（1）将小麦粉和发酵粉混合过筛拌匀，将糖、油倒入搅拌机中，搅拌至发白，加入小麦粉和膨松剂的混合物，搅拌成润滑的面团。

（2）混酥面团搅拌均匀后，不能再多擦、多搓，只能用复叠方法使之结合成团，否则，就会产生筋性，不利于成品松发。

（3）调制的面团不能过硬或过软，否则会影响成品质量，如小麦粉含水量低，调制时可多放些油（一般为小麦粉的 5%）来调节面团的软硬度。

三、成品标准

象形柿子酥色彩艳丽,形态逼真,外皮酥香,馅料香甜。

四、制作准备

(1) 设备:操作台、案板、炉灶、烤箱、电子秤等。

(2) 工具:不锈钢面盆、长筷子、手勺、餐盘等。

❷ 原料与用量

(1) 皮料:低筋面粉 120 g、黄油 50 g、太古糖粉 37 g、胡萝卜泥 35 g、红菜头泥 15 g 等。

(2) 馅料:胡萝卜泥 75 g 加入 30 g 黄油炒香后,再加入松子仁碎 25 g,盛出放凉备用。

五、制作过程

1. 原料准备。

2. 低筋面粉中加入黄油、太古糖粉。

3. 将原料揉均匀。

象形柿子
酥柿子
成形手法

象形柿子酥
柿子尖

象形柿子
酥柿子
蒂的制作

Note

4. 加入胡萝卜泥和红菜头泥。

5. 搅拌均匀揉成面团。

6. 将面团分成剂子。

7. 包入馅料收口。

8. 用尺板压出柿子轮廓。

9. 完成柿子的轮廓。

10. 将柿子放入烤箱烤制。

11. 将柿子蒂捏出来烤熟。

12. 挤上酱汁。

13. 将柿子蒂放在柿子上即可。

14. 点缀装盘。

六、营养成分分析

（1）每 100 g 胡萝卜的营养成分：热量 25.32 kcal，蛋白质 1.0 g，脂肪 0.2 g，碳水化合物 8.1 g，膳食纤维 3.2 g，钠 121 mg，维生素 A 685 mg，维生素 E 0.31 mg，维生素 B_2 0.02 mg，维生素 B_6 0.16 mg，维生素 C 9 mg，叶酸 5 mg，磷 38 mg，钾 119 mg，钙 27 mg。

（2）每 100 g 低筋面粉的营养成分：热量 367.9 kcal，蛋白质 8.0 g，脂肪 1.7 g，饱和脂肪酸 0.4 g，单不饱和脂肪酸 0.2 g，多不饱和脂肪酸 0.2 g，碳水化合物 75.9 g，可溶性膳食纤维 1.2 g，不溶性膳食纤维 1.3 g，钠 2 mg，维生素 E 0.5 mg，维生素 B_1 0.13 mg，烟酸 0.7 mg，磷 70 mg，钾 120 mg，钙 23 mg。

（3）每 100 g 太古糖粉的营养成分：热量 385.8 kcal，碳水化合物 99.7 g，钾 1 mg，铁 0.2 mg。

（4）每 100 g 黄油的营养成分：热量 878.5 kcal，蛋白质 1.4 g，脂肪 98 g，饱和脂肪酸 52.0 g，单不饱和脂肪酸 34.0 g，多不饱和脂肪酸 5.8 g，胆固醇 296 mg，碳水化合物 75.9 g，钠 40 mg，维生素 B_2 0.02 mg，磷 8 mg，钾 39 mg，钙 35 mg，镁 7 mg，铁 0.8 mg，硒 1.6 mg。

七、任务检测

（1）象形柿子酥皮料的和制比例为_____。

（2）油酥面团是起酥类制品所用面团的总称，分为_____面团和_____面团（又名松酥面团）两大类。

（3）调制油酥面团时要注意，用植物油和动物性油脂调制应有所区别，因为动物性油脂易凝固，可多加一些，否则_____。

参考答案

八、评价标准

评价内容	评价标准	满分	得分
成形手法	象形柿子酥的揉、叠、压、揿、包、镶嵌等手法正确	10	
成品标准	象形柿子酥色彩艳丽，形态逼真，外皮酥香，馅料香甜	10	
装盘	成品与盛装器皿搭配协调，造型美观	10	
卫生	工作完成后，工位干净整齐，工具清洗干净并摆放入位	10	
合计		40	

九、拓展任务

黄油饼干的制作

（1）原料：低筋面粉 200 g、无盐黄油 110 g、鸡蛋 2 个、糖粉 60 g、奶粉 20 g。

（2）制作方法。

①将蛋黄、蛋清分离。

②将无盐黄油在室温下软化，用电动打蛋器打至颜色变浅发白。

③分次加入糖粉，打匀。

④分次加入蛋黄，打匀。

⑤低筋面粉、奶粉过筛加入，切拌均匀。

⑥揉成表面光泽的面团，包上保鲜膜入冰箱冷藏半小时待用。

⑦取出面团后用擀面杖擀成面片，用饼干模子压出形状。

⑧用刀取下饼干坯，摆入烤盘。

任务二　莲蓉绿茶酥

一、任务描述

内容描述

莲蓉绿茶酥由混酥面团制成,在面点厨房中,利用低筋面粉、黄油、绿茶粉、臭粉等调制成的混酥面团,采用揉、叠、压、揪、包、镶嵌等手法,放入烤箱烤制而成。

学习目标

(1) 了解莲蓉绿茶酥的相关知识。

(2) 能够调制混酥面团。

(3) 能够按照制作流程,在规定时间内完成莲蓉绿茶酥的制作。

(4) 培养学生良好的卫生习惯,并遵守行业规范。

二、相关知识

❶ 油酥的简介

制作面点的时候常常会用到油酥,比如做春饼、手抓饼、鸡蛋灌饼等,可见油酥在面点制作中是非常重要的。下面就来介绍一下油酥。

油酥是指油脂与面粉的混合物,主要用于不同需求的面点。面皮内包裹着油酥,经过多次折叠擀开后,皮与油相间重叠,从而使制成的成品具有层次性和酥松性。油酥一般分为四种。

稀油酥:这种油酥的特点是呈流质状,用刷子和手能轻易地将其涂抹在面皮上,适用于任何需要层次效果的面点或上锅蒸熟的饼类,抹上油酥后能很容易揭开,比如鸡蛋灌饼、手抓饼、春饼等。制作也相对简单,就是将面粉等色拉油混合,搅成均匀的流质状即可,面粉与油脂的比例为1∶1。

软油酥:这种油酥的特点是呈固态状,触感柔软,将面粉与油脂混合成团即可。它适用于各种糕点和酥饼,制作也不是很难,就是将面粉和色拉油混合后,搅拌均匀,搅成固态状的油酥面即可,面粉与油酥的比例为 5:2。

炒油酥:这种油酥也呈固态状,与软油酥不同的是油脂要先加热,再与炒熟的面粉混合成团,这样做出的油酥颜色较深,并且具有香气。这种油酥适用于需要有特殊油香的面点,比如芝麻烧饼和适合大包酥的面点。相较前两种油酥的制作来说,炒油酥的制作相对复杂些,要先将面粉放入锅内小火炒至微微上色,再将色拉油加热到 160～170 ℃,倒入炒好的面粉中,翻拌成固态状的油酥面即可,面粉与油脂的比例为 3:2。

葱油酥:这种油酥与稀油酥相似,都呈流质状,不同之处在于葱油酥的油脂用的是葱油,就是在热油中加了葱白,并以小火爆香而成的香葱油。这种油酥可与不同属性的面团结合,适用于需要葱油香气的面点,比如葱油手抓饼。

❷ 绿茶粉的简介

绿茶粉是一种超微粉状的绿茶,颜色翠绿,细腻,营养、健康、天然。绿茶粉具有良好的抗氧化和镇静作用,可减轻疲劳。绿茶粉中含有维生素 C 及类黄酮等,其中类黄酮能增强维生素 C 的抗氧化功效,所以绿茶粉对维持皮肤美白,可谓是有珍品级别的效果。绿茶粉可以用来做面膜,具有清洁皮肤、补水控油、淡化痘印、促进皮肤损伤恢复的作用;也可以加入酸奶或苹果汁中,对缓解便秘、瘦身美体有促进作用。

绿茶粉是一种经济实惠的食物,可以瘦身,原因是绿茶粉中芳香族化合物能溶解脂肪,化浊去腻,防止脂肪沉积在体内,维生素 B_1、维生素 C 能促进胃液分泌,有助于消化油脂。绿茶粉还可以增强新陈代谢,强化微血管循环,降低脂肪的沉积。

❸ 臭粉的简介

臭粉,学名碳酸氢铵,是化学膨松剂的一种,无色到白色结晶,或白色结晶性粉末,略带氨臭,相对密度 1.586,熔点 107.5 ℃(快速加热)。在室温下稳定,在空气中易风化,稍吸湿,对热不稳定,60 ℃以上迅速挥发,用在需膨松较大的西饼之中。

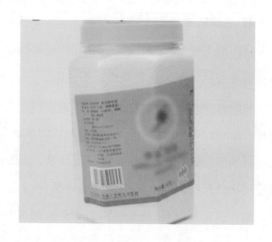

三、成品标准

莲蓉绿茶酥成品口感酥松,色泽嫩绿,馅料香甜,老少皆宜。

四、制作准备

1 设备与工具

(1)设备:操作台、案板、炉灶、烤箱、电子秤等。

(2)工具:不锈钢面盆、长筷子、手勺、片刀、模具、餐盘、烤盘等。

2 原料与用量

(1)皮料:低筋面粉 200 g、黄油 100 g、绿茶粉 20 g、白糖 75 g、鸡蛋 2 个、臭粉 0.5 g。

(2)馅料:莲蓉馅 150 g。

五、制作过程

1. 将黄油、白糖搓化。

2. 将低筋面粉、黄油、鸡蛋、臭粉、绿茶粉揉成面团。

3. 将面团铺平放入冰箱冷冻 30 min。

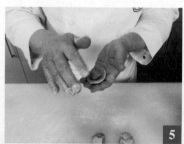

4. 将面团揪成 20 g 一个的剂子,馅料揪成 10 g 一个的剂子。

5. 将剂子按扁,包入馅料收口。

6. 用模具将生坯压出来。

7. 放入烤箱 220 ℃烤制 12 min。

8. 装盘点缀。

六、营养成分分析

(1)每 100 g 低筋面粉的营养成分:热量 367.9 kcal,蛋白质 8.0 g,脂肪 1.7 g,饱和脂肪酸 0.4 g,单不饱和脂肪酸 0.2 g,多不饱和脂肪酸 0.2 g,碳水化合物 75.9 g,可溶性膳食纤维 1.2 g,不溶性膳食纤维 1.3 g,钠 2 mg,维生素 E 0.5 mg,维生素 B$_1$ 0.13 mg,烟酸 0.7 mg,磷 70 mg,钾 120 mg,钙 23 mg。

(2)每 100 g 黄油的营养成分:热量 887.5 kcal,蛋白质 1.4 g,脂肪 98 g,饱和脂肪酸 52.0 g,单不饱和脂肪酸 34.0 g,多不饱和脂肪酸 5.8 g,胆固醇 296 mg,碳水化合物 75.9 g,钠 40 mg,维生素 B$_2$ 0.02 mg,磷 8 mg,钾 39 mg,钙 35 mg,镁 7 mg,铁 0.8 mg,硒 1.6 mg。

(3)每 100 g 莲蓉馅的营养成分:热量 485.03 kcal,蛋白质 8.19 g,脂肪 24.76 g,碳水化合物 60.54 g,膳食纤维 1.43 g。

(4)每 100 g 绿茶粉的营养成分:热量 296 kcal,蛋白质 34.2 g,碳水化合物 34.7 g,脂肪 2.3 g,膳食纤维 15.6 g,烟酸 8 mg,胡萝卜素 5.7 μg,维生素 A 967 μg,维生素 B$_1$ 0.02 mg,维生素 B$_2$ 0.35 mg,维生素 C 19 mg,维生素 E 9.57 mg。

参考答案

七、任务检测

（1）油酥是指＿＿＿＿＿＿与＿＿＿＿＿＿的混合物，主要用于不同需求的面点。面皮内包裹着油酥，经过多次折叠擀开后，皮与油相间重叠，从而使制成的成品具有层次性和酥松性。

（2）绿茶粉是一种超微粉状的绿茶，颜色翠绿，细腻，营养、健康、天然。绿茶粉具有良好的＿＿＿＿＿＿和＿＿＿＿＿＿作用，可＿＿＿＿＿＿。

（3）臭粉，学名＿＿＿＿＿＿，是化学＿＿＿＿＿＿的一种，无色到＿＿＿＿＿＿结晶，或白色结晶性粉末。

八、评价标准

评价内容	评价标准	满分	得分
成形手法	莲蓉绿茶酥的揉、叠、压、揿、包、镶嵌等手法正确	10	
成品标准	莲蓉绿茶酥成品口感酥松，色泽嫩绿，馅料香甜，老少皆宜	10	
装盘	成品与盛装器皿搭配协调，造型美观	10	
卫生	工作完成后，工位干净整齐，工具清洗干净并摆放入位	10	
合计		40	

九、拓展任务

桃酥的制作

（1）原料：低筋面粉600 g、白糖220 g（喜欢甜一点的可以将白糖增加到300 g）、酥油300 g（没有酥油可以换成猪油，不过酥油比较香）、鸡蛋60 g（1～2个，视大小决定）、泡打粉6 g、臭粉2 g（这个只要一点点，千万不要多）、苏打粉5 g、色拉油280 g、盐5 g。

（2）制作方法。

①将白糖、色拉油、鸡蛋、苏打粉、臭粉盐放入盆中拌匀。

②放入酥油,继续拌匀。

③接着将低筋面粉和泡打粉放入盆中揉成团,松弛 10 min,分成约 35 g 一个的剂子,继续松弛 20 min。

④将剂子揉圆后压扁,再摆入烤盘中,洒上黑芝麻(或核桃仁)装饰,再刷上全蛋液,然后放入烤箱,中层,上下火 170 ℃烤制 20 min,然后转上火,将烤盘放入上层,3 min 上色后出炉冷却即可。

任务三 象形核桃酥

一、任务描述

内容描述

象形核桃酥由混酥面团制成,在面点厨房中,利用面粉、水和猪油等调制成的混酥面团,采用揉、叠、压、揪、包、镶嵌等手法,放入烤箱烤制而成。

学习目标

(1)了解混酥点心的定义和特征。

(2)了解混酥面团的技术关键。

(3)能够按照制作流程,在规定时间内完成象形核桃酥的制作。

(4)培养学生养成良好的卫生习惯,并遵守行业规范。

二、相关知识

❶ 混酥点心的定义

混酥类甜点就是由糖、油、面、鸡蛋混合制成的多形甜品,绵软酥脆、口味香甜。产品表面可以加上其他辅料以增添各种风味,适合食客的口味。混酥点心是面粉和油脂的混合物,凡是以油脂和面粉为主要原料搅拌成形而制成的成品,都可以称为混酥点心。

❷ 混酥面团的关键

(1)调制混酥面团的湿度要低。混酥面团调制温度应以低温为主,一般控制在22~28 ℃。在气温较高的春末和夏季,调制该面团比较容易使面团生筋,正是由于此时气温太高。与此同时,油脂含量过多的面团亦不适合在较高温度下调制,否则会造成油脂的微粒软化,不利于操作。一般气温高时可用冰水来降低面团的温度。

(2)要注意投料的先后顺序。无论是中式糕点还是西式糕点,均应重视调制面团时的投料顺序。一般来说,配方再准确,投料顺序颠倒,其成品也是大相径庭的。调制混酥面团时,应先将糖、油、水、鸡蛋、香料等辅料充分搅拌均匀,然后拌入面粉,制成软硬适宜的面团。这样的投料顺序是为了使面粉在一定浓度的糖料及油脂环境中胀润,限制面团蛋白质的吸水,阻止水分子在胶粒内部渗透和在一定程度上减小表面毛细管的吸水面积。同时由于表层脂肪会使蛋白质胶粒之间结合力下降,面团的弹性也会随之降低。如果不按照这样的投料顺序,而是先将面粉与水搅拌,那么部分面粉首先与水结合,随着拌粉工序次数的增加,将逐步生成面筋网络,造成蛋白质胶粒迅速吸水胀润,这样就达不到限制面筋形成的目的,从而使面团的弹性增大,可塑性减弱。另外还要注意调制面团时宜留下少许面粉,用以调节面团的软硬度。切忌面团调制后再加水,这样容易使面团生筋。

(3) 尽量控制面筋的生成量。混酥面团需控制面粉中蛋白质的水化,调制混酥面团应选用低筋面粉,这种面粉的特点是蛋白质含量较低。传统的制作方法是用淀粉稀释面筋,让淀粉起到填充作用,这是一种降低面粉吸水率、控制面筋生成的有力措施。另外,在实际生产中,由于各种因素不可避免地会出现剩余料(面头子),需要转入下次制作时掺入。这些面头子经过长时间调制,面筋较多。因此,面头子掺入新面团的量要适当,一般应控制在 1/10～1/8。若因制品特殊需要(如需色浅),而采用面筋含量较高的面粉,则应以相应措施补救,即将油脂与面粉先调成起酥面团,然后加入其他辅料,这种方法同样可以尽量减少面筋的生成量。

(4) 面团的调制与静置时间。这是一个至今没有引起人们足够重视的问题。调制时间是控制面筋形成程度和限制面团弹性的最直接的因素,也就是说面筋蛋白质的水化过程会在调制过程中逐步形成。把握适当的调制时间,便会获得理想的工艺效果。当然,调制时间短,会使面团的结合力不够而无法压成面块,不利于下道工序的进行。此时面团粘力过强,黏手、粘机械等,影响操作,这是制作者最不愿意看到的现象。一般当面团调制好后,须适当静置几分钟,适当的静置是有利于制作的。但是,一旦久置不加工或加工时间过长,面团温度会升高而使本来就与面粉颗粒结合得不好的油脂游离出来,渗出面团,产生"吐油"现象。而随着面团中油脂的外渗,其内部的水分乘虚而入,与面团中的蛋白质相结合而生筋,从而产生面团调制中极难解决的缩筋(起筋)现象,导致面团发硬,其黏性和结合力降到无法压延成面皮的程度而变得十分松散,即使勉强制作出来,制品也是口感僵硬,无酥松感。因此,酥松面团一旦调制好后必须马上进入面坯制作工序。

另外,还需严格控制糖、油的比例,以水调整面团软硬度。

❸ 京城八大件的典故传说

京式糕点,历史悠久,品类繁多,滋味各异,具有重油、轻糖,酥松绵软,口味纯甜、纯咸等特点,代表品种有京城八大件(京八件)和红、白月饼等,其中京八件有大八件、小八件和细八件之分。八件是采用山楂、玫瑰、青梅、白糖、豆沙、枣泥、椒盐、葡萄干 8 种馅料,外裹含色拉油的面,放在各种图案的印模里精心烤制而成,有腰子形、圆鼓形、佛手形、蝙蝠形、桃形、石榴形等形状,且小巧玲珑,入嘴酥松适口,香味醇正。细八件是特制,制作精细,层多均匀,馅料柔软起沙,外形也有三仙、银锭、桂花、福、禄、寿、喜桃等花样，是京式糕点中的优质产品。

北京人探亲访友要携带礼物，讲究送"京八件"。这原是清朝皇室王族婚丧典礼及日常生活中必不可少的礼品和摆设，后来配方传到民间。过去，女儿回娘家、给长辈拜年等，都要去糕点铺买一盒大八件提在手中，大方而漂亮。

大八件一般是八件一共一斤，小八件一般是八件一共半斤，一般用作送礼。作为礼品，虽以大八件为主，但质量都是很高的。大八件有如下八种食品：福字饼，象征幸福；太师饼，象征高官厚禄；寿桃饼，象征长寿；方形带有"囍"字的喜字饼，象征喜庆；银锭饼，象征财富；鸡油饼，象征吉庆有余；枣花饼，寓意早生贵子，而且还有男女的性别区分；卷酥饼，象征一卷书，步步高升。小八件：小桃，俗称寿桃；小杏，与"幸运"谐音，象征幸福；小石榴，象征多子；小核桃，寓意和和美美；小苹果，寓意平平安安；小柿子，谐音事事如意；还有小橘子、枣方子。

三、成品标准

象形核桃酥形态逼真，纹路清晰，外皮香酥，可可味浓郁。

四、制作准备

❶ 设备与工具

（1）设备：操作台、案板、烤箱、电子秤等。

（2）工具：不锈钢面盆、长筷子、手勺、片刀、擀面杖、烤盘、餐盘等。

❷ 原料与用量

（1）皮料：猪油 50 g、黄油 50 g、白糖 75 g、可可粉 15 g、低筋面粉 220 g 等。

（2）五仁馅料：花生仁 20 g、瓜子仁 20 g、核桃仁 20 g、腰果 20 g、芝麻 20 g、熟面 100 g、黄油 50 g、白糖 100 g 等。

五、制作过程

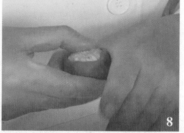

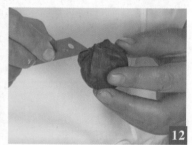

1. 原料准备。

2. 在低筋面粉中加入可可粉。

3. 在低筋面粉中入黄油、白糖。

4. 将原料混合均匀。

5. 揉成面团静置 20 min。

6. 将五仁馅料均匀揉成约 18 g 的球。

7. 取约 12 g 面皮包入馅料。

8. 将面皮收口。

9. 将面团揉圆。

10. 将面团揉出核桃尖。

11. 用手捏出四个棱角。

12. 用刀压出棱角纹路。

Note

13. 用花钳夹出核桃纹路。

14. 左手托底避免按住纹路使其不清晰。

15. 如此反复将纹路夹完整，入烤箱上下火 185 ℃烤制 12 min。

16. 装盘点缀。

营养成分分析

（1）每 100 g 低筋面粉的营养成分：热量 367.9 kcal，蛋白质 8.0 g，脂肪 1.7 g，饱和脂肪酸 0.4 g，单不饱和脂肪酸 0.2 g，多不饱和脂肪酸 0.2 g，碳水化合物 75.9 g，可溶性膳食纤维 1.2 g，不溶性膳食纤维 1.3 g，钠 2 mg，维生素 E 0.5 mg，维生素 B_1 0.13 mg，烟酸 0.7 mg，磷 70 mg，钾 120 mg，钙 23 mg。

（2）每 100 g 黄油的营养成分：热量 887.5 kcal，蛋白质 1.4 g，脂肪 98 g，饱和脂肪酸 52.0 g，单不饱和脂肪酸 34.0 g，多不饱和脂肪酸 5.8 g，胆固醇 296 mg，碳水化合物 75.9 g，钠 40 mg，维生素 B_2 0.02 mg，磷 8 mg，钾 39 mg，钙 35 mg，镁 7 mg，铁 0.8 mg，硒 1.6 mg。

（3）每 100 g 猪油的营养成分：热量 901.6 kcal，脂肪 100 g，饱和脂肪酸 39.2 g，单不饱和脂肪酸 11.2 g，多不饱和脂肪酸 45.1 g，胆固醇 95 mg，碳水化合物 75.9 g，钠 40 mg，维生素 D 2.5 mg，锌 0.11 mg。

（4）每 100 g 可可粉的营养成分：热量 320 kcal，蛋白质 21 g，脂肪 8 g，碳水化合物 40 g。

（5）每 100 g 五仁馅料的营养成分：热量 423.6 kcal，碳水化合物 64 g，蛋白质 8 g，脂肪 16 g，膳食纤维 3.9 g，维生素 A 7 μg，胡萝卜素 40 μg，维生素 B_2 0.08 mg，烟酸 4 mg，维生素 E 8.82 mg，钾 198 mg，钠 18.5 mg，镁 27 mg，磷 110 mg，钙 54 mg，铁 2.8 mg，铜 0.22 mg，锌 0.61 mg，硒 7 μg。

参考答案

七、任务检测

（1）混酥类甜点就是由＿＿＿＿＿＿、＿＿＿＿＿＿、＿＿＿＿＿＿、＿＿＿＿＿＿混合制成的多形甜品，绵软酥脆、口味香甜。产品表面可以加上其他辅料以增添各种风味，适合食客的口味。

Note

(2) 调制混酥面团的湿度要低。酥性面团调制温度应以低温为主,一般控制在_____~_____℃。在气温较高的春末和夏季,调制该面团比较容易使面团生筋,正是由于此时气温太高。

(3) 京式糕点,历史悠久,品类繁多,_____,具有_____、轻糖,_____,口味纯甜、纯咸等特点。

八、评价标准

评价内容	评价标准	满分	得分
成形手法	象形核桃酥的揉、叠、压、揪、包、镶嵌等手法正确	10	
成品标准	象形核桃酥形态逼真,纹路清晰,外皮香酥,可可味浓郁	10	
装盘	成品与盛装器皿搭配协调,造型美观	10	
卫生	工作完成后,工位干净整齐,工具清洗干净并摆放入位	10	
合计		40	

九、拓展任务

鸡仔饼的制作

(1) 原料。

① 主料:面粉 250 g。

② 辅料:花生仁 5 g、瓜子仁 5 g、白芝麻 5 g、核桃 5 g、冰肉 10 g、蛋黄 1 个、三洋糕粉 15 g、枧水 5 g、清水 50 g。

③ 调料:白糖 50 g、糖稀 200 g、麦芽糖 50 g、胡椒粉 5 g、盐 5 g、色拉油 50 g、高度酒少量。

(2) 制作方法:花生仁炒香切碎,白芝麻入锅炒香,瓜子仁、核桃切碎,放入碗中,再加入三洋糕粉、冰肉、胡椒粉、盐拌匀;面粉放入碗中,加入白糖、糖稀、麦芽糖、色拉油、枧水、清水轻轻拌匀;再加入高度酒,最后加入色拉油,拌匀,揉成光滑的面团;揉成条,揪成 40 g 一个的剂子;擀薄,放入馅料;对折起来,捏紧剂口;刷上一层蛋黄液,放入烤箱中;用上 220 ℃、下 200 ℃ 的炉温烤制 25 min 左右即可。

Note

（3）特别提示。

①冰肉是将肥肉用大量的白糖与适量的烧酒拌匀，腌制数天制成，因肥肉熟后呈半透明状而得名。

②制饼皮方法。面粉与麦芽糖混合揉成面团，再分成剂子，每个剂子捏成面皮，包入1份馅料，接缝处要包密，以免馅料漏出；包好后，放入鸡仔饼模型中，用手压实，然后轻轻敲打模印，鸡仔饼即脱模而出；最后把鸡仔饼摆放在铁烤盘内，饼面涂一层蛋黄液，放进已烧热的烤炉中，饼呈金黄色时，即可取出。

流心奶黄月饼的制作

（1）原料。

①饼皮：低筋面粉 390 g、吉士粉 25 g、淡奶油 37 g、黄油 195 g、细砂糖 75 g、鸡蛋 33 g。

②奶黄馅：低筋面粉 75 g、细砂糖 90 g、玉米淀粉 35 g、咸蛋黄 7 个、鸡蛋 3 个、黄油 45 g、奶粉 30 g、牛奶 80 g、淡奶油 70 g 等。

③流心馅：椰浆 15 g、咸蛋黄 3 个、玉米淀粉 6 g、细砂糖 45 g、吉利丁片 3 g、淡奶油 120 g。

④刷面：蛋黄少许、蜂蜜少许。

（2）制作方法。

①咸蛋黄的加工。

a. 将咸蛋黄用酒浸泡 2 min，放入烤箱里，上下火 180 ℃烤制 8 min 左右。

b. 把咸蛋黄用保鲜袋装起来，用擀面杖压碎，擀成碎末。

c. 奶黄馅制作：将全蛋液和细砂糖混合搅拌均匀，然后加入淡奶油和牛奶搅拌均匀，再混合筛入低筋面粉、玉米淀粉和奶粉，搅拌均匀至无干粉状态；把面糊过筛倒入锅里，再加入咸蛋黄碎末和黄油，搅拌均匀，用小火煮至浓稠呈面团状态，待凉后用保鲜膜包裹起来放入冰箱冷藏保存。

③流心馅制作。

a. 淡奶油和细砂糖倒入锅里，搅拌均匀，用小火煮至沸腾。

b. 提前把玉米淀粉、椰浆放入小碗里，搅拌均匀至无颗粒，倒入沸腾的淡奶油里，快速搅拌均匀。

c. 加入咸蛋黄碎末，搅拌均匀。

d. 提前把吉利丁片用冷水泡软后捞出沥干水分，加入面糊里，快速搅拌至完全融化并混合均匀，用小火煮至浓稠，呈现半流质状态即可关火。

e. 倒入硅胶小模具，每个 5 g 左右。待凉后，用保鲜膜封盖起来，放入冰箱中冷冻保存，最少要冷冻 1 h 才可以进行下一步操作。

④月饼皮制作。

a. 黄油室温放置,待其完全软化,加入细砂糖用打蛋器打发,搅拌均匀。

b. 加入全蛋液和淡奶油用刮刀或手动打蛋器混合搅拌均匀。

c. 筛入低筋面粉和吉士粉。

d. 用手揉成光滑的面团,再用保鲜膜包裹起来,放入冰箱冷藏饧面0.5～1 h。

⑤月饼制作。

a. 把流心馅从冷冻室里拿出来,取20 g左右的奶黄馅放入一个冷冻好的流心馅,提前把奶黄馅都按每个20 g左右搓圆。

b. 包时一定要把口收紧,以免流馅。

c. 做好后重新盖上保鲜膜放入冰箱冷藏至少1 h,再进行下一步操作。

d. 把月饼皮拿出来分成15等份,每份约25 g,搓圆待用。

e. 拿出一份月饼皮,用大拇指转动捏出一个窝,包入馅料,封口必须收紧,尽量不要让皮与馅之间出现空隙。

f. 包好的月饼生坯先别急着印模,先盖上保鲜膜放回冰箱里冷藏饧面0.5～1 h。

g. 把月饼生坯拿出来,表面沾上一层玉米淀粉,把多余的粉质拍掉。

h. 月饼模具要扫上一层薄粉,然后把月饼生坯放进去。

i. 按压印出月饼的样子,再次盖上保鲜膜放入冰箱中冷冻1 h或以上。

j. 预热烤箱,然后把冷冻得硬硬的月饼拿出来,喷洒上一层雾水。

k. 放入200 ℃烤箱里烤制5 min,让月饼的样子稍作定形。

l. 提前把1个蛋黄兑1茶匙水搅拌均匀,过筛一次,让蛋黄液更加细滑,月饼烤完第一次定形后拿出来刷一层薄薄的蛋黄液,刷蛋黄液后再放回烤箱里,转至180 ℃,再烤5 min。

m. 提前把1小勺蜂蜜水兑1小勺的水混合搅拌均匀,等刷了蛋黄液的月饼烤完5 min后拿出来再刷上一层蜂蜜水,再放回烤箱里继续用180 ℃烤制6～8 min即可。

任务四　鹌蛋千层酥

扫码看课件

一、任务描述

内容描述

鹌蛋千层酥是层酥面团的特殊制品,在面点厨房中,利用面粉、水和黄油调制成的层酥面团,采用揉、叠、压、擀、揪、包、切、镶嵌等手法,放入烤箱烤制而成。

学习目标

(1)了解鹌蛋千层酥的相关知识。

(2)能够调制层酥面团。

(3)能够按照制作流程,在规定时间内完成鹌蛋千层酥的制作。

(4)培养学生良好的卫生习惯,并遵守行业规范。

二、相关知识

❶ 千层酥皮的定义

千层酥皮主要是由面粉烘烤的一种酥香的食品。千层酥皮的原理在于,面团中裹入油脂,经过反复折叠,形成数百层面皮-黄油-面皮的分层。在烘焙的时候,面皮中的水分受高温蒸发,面皮在水蒸气的冲击作用下膨胀开来,形成层次分明又香酥可口的酥皮。

❷ 千层酥皮的制作关键

(1)不推荐使用人造黄油来制作千层酥皮,虽然人造黄油没有黄油那样容易融化,会使制作简单许多,但这样做出来的千层酥皮无论口感还是健康度都无法与用黄油制作的相提并论。不过在商业上批量制作的时候,因为黄油不易控制,操作困难,成本高,所以不常采用。

(2)天气热的时候,黄油很容易融化,可以在180 g黄油中添加22 g高筋面粉,用来吸收黄油中的水分,使黄油变得容易操作。(具体方法:待180 g黄油室温软化后,加入22 g高筋面粉,用搅拌工具搅拌,混合均匀,放入冰箱重新冻硬,即可按正常的步骤进行。)

(3)松弛是指将面团静置一会儿,使面团舒展,变得容易擀开,不回缩。并非每折叠一次都

Note

需要松弛,应该根据面团的状态来决定。如果面团比较容易擀开,则可以连续折叠两次后再松弛。但如果面团不易擀开或者黄油变软开始漏油,则需要马上进行冷藏松弛。

(4)千层酥皮制作的点心,在烤的过程中,稍微有少量油脂漏出是正常的,但是,如果有很多油脂漏出来,则说明酥皮制作失败。若分层未能达到极薄且层层分明,或者擀制的时候油脂层分布不均,则建议重新制作。

(5)千层酥皮做好后,可以在表面撒上一层干粉(防止卷起后黏合),然后卷起来放进冰箱冷藏,可以保存1周左右。使用的时候在室温下放置一会儿,待酥皮变软后就可以打开使用(如果做蛋挞就不用打开了)。如需保存更长时间,可以放入冷冻室冷冻,可以保存1个月甚至更长时间,使用前室温化开即可。

❸ 海参的营养价值

(1)提高人体免疫力。海参含有的活性物质酸性黏多糖,可以提高人体的免疫力、延缓衰老、增强记忆力,还具有较好的抗疲劳作用等。

(2)对人体有益。海参可以有效地治疗炎症,也能够减缓组织老化,从而给人体的健康带来多种好处。

(3)适合手术患者服用。对于刚刚做完手术的患者来说,海参可以令手术后的刀口愈合速度加快,使患者的体力和精力尽快恢复。

❹ 虾的营养价值

(1)虾中含有20%的蛋白质,是蛋白质含量很高的食品之一,其蛋白质含量是鱼、蛋、奶的几倍甚至十几倍。虾和鱼肉相比,所含的人体必需氨基酸缬氨酸含量并不高,但却是营养均衡的蛋白质来源。另外,虾含有甘氨酸,这种氨基酸的含量越高,虾的甜味就越高。

(2)虾和鱼肉、禽肉相比,脂肪含量低,还含有丰富的钾、碘、镁、磷等矿物质元素和维生素A等成分。

(3)虾含有丰富的能降低人体血清胆固醇的牛磺酸,能很好地保护心血管系统,可降低血液中胆固醇含量,防止动脉硬化,同时还能扩张冠状动脉,有利于预防高血压及心肌梗死。

(4)虾的通乳作用较强,并且富含磷、钙,对儿童、孕妇尤有补益功效。

❺ 制作千层酥皮的主要原料知识

(1)低筋面粉是蛋白质含量较低的面粉,因为筋度低,做出来的点心口感酥松,多用来制作蛋糕与饼干;高筋面粉是蛋白质含量较高的面粉,多用来制作面包与口感筋道的点心。

(2)黄油,又名奶油,是从牛奶中提炼的油脂,为黄色的固体,冷藏时很硬,在20℃的室温下会变得非常软,注意与裱花用的甜点奶油/鲜奶油区分开来。玛琪琳:植物油氢化后制成的人造黄油,添加有化学香料以模拟天然奶油的香味,熔点较高,在室温下也能保持较硬的固态,做千层酥皮时比黄油容易操作,但口感较差,且含有被认为对健康不利的反式脂肪酸。

三、成品标准

鹌蛋千层酥成品色泽金黄，层次分明，馅料咸香，口感酥脆。

四、制作准备

❶ 设备与工具

（1）设备：操作台、案板、炉灶、烤箱、电子秤等。

（2）工具：不锈钢面盆、长筷子、手勺、片刀、走锤、餐盘、烤盘等。

❷ 原料与用量

（1）油酥面：黄油 450 g、低筋面粉 100 g 揉匀冷冻。

（2）水油面：面粉 350 g、鸡蛋 2 个、水 150 g（和鸡蛋混合）。

（3）馅料：海参 100 g、虾仁 100 g、肉末 200 g，姜 10 g、葱 15 g、老抽 5 g、蚝油 10 g、盐 3 g、白糖 3 g、鸡精 15 g、生粉 15 g 等。

五、制作过程

1. 制干油酥。

3. 和制水油皮。

2. 和好后放入盘中，入冰箱冷藏。

鹌蛋千层酥
和制干油酥

鹌蛋千层酥
和制水油皮

Note

鹌蛋千层
酥用模具
压出面坯

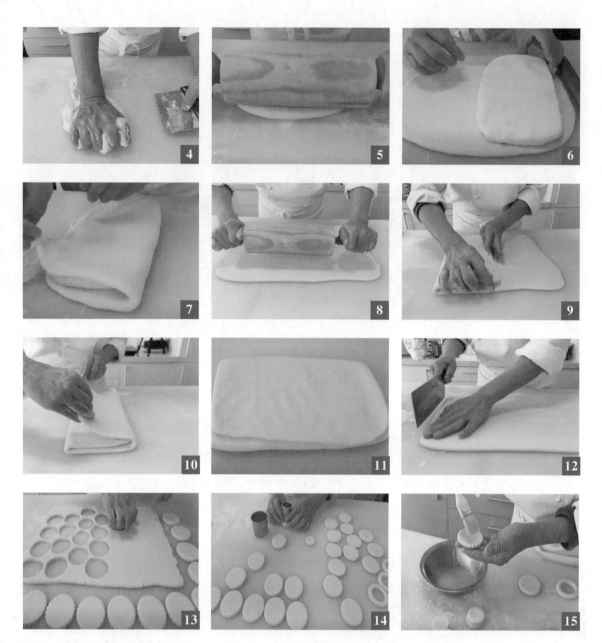

鹌蛋千层酥
开酥过程

4. 将面团揉好饧发。

5. 将水油面擀开至油酥面的 2 倍大。

6. 包入油酥面。

7. 包好后收口捏紧。

8. 将面皮擀开，不要粘案板和走锤。

9. 将面皮对折。

10. 将另一侧对折叠一个"三"。

11. 将面皮再次对折一个"三"、一个"四"备用。

12. 再次擀开后修齐边缘。📺

13. 用花戳戳出圆饼。

14. 取小花戳将中心戳开。📺

15. 将圆面皮刷上全蛋液。

Note

鹌蛋千层
酥刷全蛋液

鹌蛋千层酥
烤制过程

16. 放入戳好的小圆圈。

17. 将面皮刷上全蛋液。🖥

18. 入烤箱 220 ℃烤制 12 min。🖥

19. 烤好后取出。

20. 葱、姜切末备用。

21. 海参、虾仁切粒备用。

22. 将炒好的馅料放入千层酥中。🖥

23. 放入煎熟的鹌鹑蛋入烤箱烤 3 min。

24. 点缀装盘。

鹌蛋千层酥
放入馅心

六、营养成分分析

(1) 每 100 g 低筋面粉的营养成分：热量 367.9 kcal,蛋白质 8.0 g,脂肪 1.7 g,饱和脂肪酸 0.4 g,单不饱和脂肪酸 0.2 g,多不饱和脂肪酸 0.2 g,碳水化合物 75.9 g,可溶性膳食纤维1.2 g,不溶性膳食纤维 1.3 g,钠 2 mg,维生素 E 0.5 mg,维生素 B_1 0.13 mg,烟酸 0.7 mg,磷 70 mg,钾 120 mg,钙 23 mg。

(2) 每 100 g 黄油的营养成分：热量 878.5 kcal,蛋白质 1.4 g,脂肪 98 g,饱和脂肪酸 52.0 g,单不饱和脂肪酸 34.0 g,多不饱和脂肪酸 5.8 g,胆固醇 296 mg,碳水化合物 75.9 g,钠 40 mg,维生素 B_2 0.02 mg,磷 8 mg,钾 39 mg,钙 35 mg,镁 7 mg,铁 0.8 mg,硒 1.6 mg。

Note

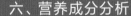

七、任务检测

(1) 千层酥皮的原理在于,面团中_____,经过_____,形成数百层面皮-黄油-面皮的分层。在烘焙的时候,面皮中的_____受_____蒸发,面皮在水蒸气的冲击作用下膨胀开来,形成层次分明又香酥可口的酥皮。

(2) 在天气热的时候制作千层酥皮,黄油很容易融化,可以在 180 g 黄油中添加 22 g 高筋面粉,用来吸收_____,使黄油变得容易操作。

(3) 低筋面粉是_____含量较低的面粉,因为_____,做出来的点心口感酥松,多用来制作蛋糕与饼干;高筋面粉是蛋白质含量_____的面粉,多用来制作面包与口感筋道的点心。

八、评价标准

评价内容	评价标准	满分	得分
成形手法	鹌蛋千层酥的揉、叠、压、擀、揪、包、镶嵌等手法正确	10	
成品标准	鹌蛋千层成品酥色泽金黄,层次分明,馅料咸香,口感酥脆	10	
装盘	成品与盛装器皿搭配协调,造型美观	10	
卫生	工作完成后,工位干净整齐,工具清洗干净并摆放入位	10	
合计		40	

九、拓展任务

 Note

腊味酥的制作

（1）原料。

①水皮：面粉 500 g、植物油 25 mL、清水适量、全蛋液 50 g、细砂糖 50 g。

②油心：猪油 200 g、面粉 400 g。

③馅料：腊肠、去皮腊肉各 200 g，葱 100 g，熟糯米粉 40 g，盐 1.5 g，牛油 30 g，细砂糖 10 g，鸡精 8 g，胡椒粉 1.5 g，五香粉 2 g，香油少许，芝麻 100 g。

（2）制作方法。

①水皮部分的材料混合拌匀，揉至光滑，用保鲜膜包好，松弛 20 min。

②油心部分的材料混合，揉至光滑即成。

③将水皮面团分切，每份约 30 g，油心分切，每份约 12 g，然后用水皮将油心包入，稍作松弛后，擀成长方形，然后卷起，接口向上压扁，折成三层。

④稍作松弛后，用擀面杖将包入油心的水皮擀薄备用。

⑤馅料部分的腊肠、去皮腊肉、葱切碎，加入其余调料拌成馅料，用酥皮将馅包入，口收捏紧压扁。

⑥黏上芝麻，摆入烤盘，以上火 180 ℃、下火 150 ℃烤制 15 min，熟透即可。

任务五 佛手酥

一、任务描述

内容描述

佛手酥是层酥面团制品,在面点厨房中,利用面粉、水和猪油调制成的层酥面团,采用揉、叠、压、擀、揪、包、切、镶嵌等手法,放入烤箱烤制而成。

学习目标

(1)了解佛手酥的相关知识。

(2)能够掌握佛手酥中层酥面团的调制。

(3)能够按照制作流程,在规定时间内完成佛手酥的制作。

(4)培养学生良好的卫生习惯,并遵守行业规范。

二、相关知识

❶ 层酥面团的定义

层酥面团是用面粉和油脂作为主要原料,先调制酥皮、酥心两块不同质感的面团,再将它们叠放,经多次擀、叠、卷制成的有层次的酥性坯料。按用料及调制方法的不同可分为水油面层酥面团、蜜面层酥面团、酵面层酥面团3种。层酥面团的特点是外皮酥松,酥层均匀,馅料香甜。

❷ 层酥面团的调制要点

层酥面团制品为何难度大?究其原因,一是作品外表美观;二是技术难度大,能反映制作者的基本功。层酥面团制品的制作一般要经过和面、起酥、成形、成熟等环节,各环节相互影响并关系到制品的质量。接下来就剖析一下层酥类制品制作的工艺流程的关键。干油酥就是将面粉和猪油按2:1的比例,用掌根反复推擦,直至揉成团所得的成品。

调制干油酥时,其操作要点如下。

(1)正确掌握面团的软硬度。因为面团的软硬度直接影响酥层的分布,因此要正确掌握干油酥中面粉与油脂的比例。其方法如下:将面粉置于案板上,中间开窝,加入猪油拌匀呈片状或小颗粒状后,再检查油量是否恰当,一定要检查完毕方可用掌跟反复向前推擦,直至擦透使之成为干油酥面团。

怎样识别用油量的多少?可用手抓一把面团紧握之,能成团而不黏手为好;若有油渗出且黏手为油多;若握之易散为油少。还可用手指压一下面团,看压痕周围有没有裂痕,若有,则油少;若无且不黏手,则油正好;若黏手,则油太多。

(2) 必须用凉油,不能用沸油或高温油,否则面团会发硬、粘结不起,制品也易脱壳或炸边。

(3) 面团一定要擦匀擦透,以增加润滑性和可塑性,不擦透的酥面可能有生粉粒、块,影响成品质量,成品表面不光洁,有细小的颗粒。

(4) 擦好的酥面最好静置一段时间,待用时擦一下再用,这样效果会更好。

水油面是用面粉、油脂和水拌和调制而成的面团,其中面粉、油脂与水的比例一般为1∶0.2∶0.45。

调制水油面的要点如下。

(1) 和面油量。因为面粉的用量取决于成品数量,水的用量主要决定面团的软硬程度,而油脂的用量却决定了起酥的松发性。用油量多,会影响与干油酥之间的分层,并使酥皮散碎或漏馅;用油量少,则韧性过大,酥性不足,制成的酥皮僵硬、坚实,不酥松。

检查水油面中油量是否足够的方法:手指插入面团内立即抽出,看是否有油光,是否不黏手,能同时达到这两个要求,则说明面团合格。另外,还应根据制品成熟方法灵活掌握油脂的用量。例如油炸制品易起酥松散,油量应按上述用量比例略减;而烘烤制品则不存在这样的问题,因此油量相应可增加一点,这样制出的成品更酥松,口感更好。

(2) 和面水温。水油面具有双重特性,既具有水调面团的筋性、韧性和保持气体的能力,又具有油酥面的润滑性、柔顺性和起酥性。在调制面团的过程中,适当调节水的温度将会起到不同的效果。如果水的温度控制在30 ℃左右,则水油面的筋力和韧性很大,这种面团适合制作对酥层有较高要求的制品,制出的成品酥层清晰,不易断裂;如果水温控制在70 ℃以上,面粉中的蛋白质发生变性,不能形成面筋网络,因此面团的筋力下降,在油炸时酥皮很容易散碎,这样的面团适合制作烘烤类制品。

(3) 面团上劲。对于明酥类制品来说,要求制品酥层清晰,层次均匀,若面团筋力不够,就会导致酥层断碎,因此水油面面团必须揉匀揉透,并揉和上劲。这样的面团筋力比较足,制品的酥层不容易散碎且比较清晰,从而达到酥层清晰、形态完整的要求。

❸ 包酥的要点

包酥就是将干油酥包于水油面中,通过叠、擀、卷等成形手法与工艺流程,使干油酥与水油面层层相隔,形成层次,制成易于成形的酥皮的方法。

包酥的技术要领有以下几点。

(1) 水油面与干油酥的软硬度要一致,否则会导致酥皮不匀。

(2) 水油面与干油酥的比例必须适当。

(3) 包捏时水油面与干油酥要四周厚薄分布均匀,否则影响制品的酥层。

(4) 擀制时两手用力要均匀,轻重适度,过重会将酥心挤向一侧,影响制品分层。

（5）擀制时尽量少用干面粉,卷筒时要卷紧,否则酥层之间不易黏结,制品在成熟过程中容易散碎。

（6）起酥后切成的剂子应用湿布盖好,防止皮子起壳而影响成形,同时制出的成品表面也不光洁。

三、成品标准

佛手酥成品形似佛手,外皮酥香,馅料香甜,黑芝麻味浓郁。

四、制作准备

❶ 设备与工具

（1）设备:操作台、案板、炉灶、烤箱、电子秤等。

（2）工具:不锈钢面盆、长筷子、手勺、片刀、擀面杖、餐盘、烤盘等。

❷ 原料与用量

（1）水油皮:面粉 100 g、猪油 30 g、水 40 g。

（2）干油酥:面粉 100 g、猪油 60 g。

（3）馅料:油豆沙馅 150 g。

五、制作过程

佛手酥
水油皮和制

佛手酥
干油酥和制

佛手酥
开酥过程

1. 将面粉开窝,加入猪油、水和成水油皮。🖥

2. 面粉中加入猪油和成干油酥。🖥

3. 将水油皮、干油酥封保鲜膜饧 20 min。

4. 用水油皮包干油酥,收紧口,擀成长方片。🖥

5. 将擀好的面坯卷起,揪成 20 g 一个的剂子。

6. 将黑芝麻馅揪成 15 g 一个的剂子。

7. 将面坯剂子按扁包入黑芝麻馅料收口。

8. 将面坯揉圆。

9. 将面坯前端按扁。

10. 用刀均匀地切出 8 刀。

11. 左手拿起佛手将其卷起。

12. 将刀从中间顶入成佛手形。

Note

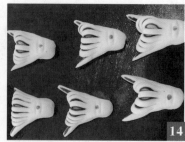

13. 整理后装入烤盘。

14. 进行点缀。

15. 上下火 180 ℃烤制 15 min。

16. 装盘点缀。

六、营养成分分析

（1）每 100 g 面粉的营养成分：热量 361.9 kcal，蛋白质 6.2 g，脂肪 0.9 g，饱和脂肪酸 0.3 g，单不饱和脂肪酸 0.2 g，多不饱和脂肪酸 0.3 g，碳水化合物 78.5 g，不溶性膳食纤维 0.6 g，维生素 E 0.20 mg，维生素 B_6 0.12 mg，烟酸 1.30 mg，磷 96 mg，钾 89 mg，钙 5 mg。

（2）每 100 g 猪油的营养成分：热量 901.6 kcal，脂肪 100 g，饱和脂肪酸 39.2 g，单不饱和脂肪酸 11.2 g，多不饱和脂肪酸 45.1 g，胆固醇 95 mg，碳水化合物 75.9 g，钠 40 mg，维生素 D 2.5 mg，锌 0.11 mg。

（3）每 100 g 黑芝麻馅的营养成分：热量 559 kcal，蛋白质 19.1 g，脂肪 46.1 g，碳水化合物 24.0 g，维生素 E 50.40 mg，维生素 B_1 0.66 mg，维生素 B_2 0.25 mg，烟酸 5.90 mg，磷 516 mg，钾 358 mg，钙 780 mg，镁 290 mg，铁 22.7 mg。

七、任务检测

（1）层酥面团是用面粉和油脂作为主要原料，先调制酥皮、酥心两块不同质感的面团，再将它们叠放，经多次_____、_____、_____制成的有层次的酥性坯料。按用料及调制方法的不同可分为_____面团、_____面团、_____面团 3 种。

（2）干油酥就是将面粉和猪油按_____：_____的比例，用掌根_____，直至揉成团所得的成品。

（3）水油面具有_____特性，既具有水调面团的_____、_____和保持气体的能力,又具有油酥面的_____性、_____性和_____性。在调制面团的过程中,适当调节水的温度将会起到不同的效果。

八、评价标准

评价内容	评价标准	满分	得分
成形手法	佛手酥的揉、叠、压、擀、揪、包、切、镶嵌等手法正确	10	
成品标准	佛手酥成品形似佛手,外皮酥香,馅料香甜,黑芝麻味浓郁	10	
装盘	成品与盛装器皿搭配协调,造型美观	10	
卫生	工作完成后,工位干净整齐,工具清洗干净并摆放入位	10	
合计		40	

九、拓展任务

蛋黄酥的制作

(1)原料。

①水油皮:面粉 500 g、全蛋液 50 g、细砂糖 50 g、猪油 25 g、清水适量。

②干油酥:牛油 300 g,猪油、面粉各 450 g。

③其他:生粉、全蛋液各 100 g,咸蛋黄 5 个。

(2)制作方法。

①干油酥部分的材料混合搓匀,搓至光滑备用。

②水油皮部分的面粉开窝,加入细砂糖、全蛋液、猪油、清水,拌至糖溶化,将面粉拌入中间,搓至面团光滑,用保鲜膜包好,松弛约 30 min。

③将面团擀薄,包入干油酥,用擀面杖擀压成长方形酥皮,两头往中间折起成 3 层,松弛后再擀开折叠,共折 3 次。

④酥皮折叠好后再松弛,最后擀至约 4 mm 厚,然后分切成 2 张宽约 10 cm 的酥皮,在其中一张皮的中间放入生粉及咸蛋黄,扫上全蛋液,将另一张皮把馅包实压紧。

⑤切成长 5 cm 的酥坯,以上火 180 ℃、下火 140 ℃烤成浅金黄色即可。

Note

任务六　枣泥梅花酥

扫码看课件

一、任务描述

内容描述

　　枣泥梅花酥是层酥面团制品,在面点厨房中,利用面粉、水和猪油调制成的层酥面团,采用揉、叠、压、擀、揪、包、切、镶嵌等手法,放入烤箱烤制而成。

学习目标

　　(1) 了解枣泥梅花酥的相关知识。
　　(2) 能够掌握枣泥梅花酥中层酥面团的调制。
　　(3) 能够按照制作流程,在规定时间内完成枣泥梅花酥的制作。
　　(4) 培养学生良好的卫生习惯,并遵守行业规范。

二、相关知识

1 梅的典故传说

　　梅原产于我国,我国种植梅至少有 3000 年的历史。《诗经》里有"摽有梅,其实七兮"的记载。春秋战国时期爱梅之风已很盛,人们已从采梅果为主要目的过渡到赏梅花。"梅始以花闻天下",人们把梅花和梅子作为馈赠和祭祀的礼品,到了魏晋南北朝,咏梅之风日盛。《西京杂记》记载:"汉初修上林苑,群臣各献名果,有朱梅、紫花梅、紫蒂梅、同心梅、丽枝梅。"晋代陆凯,东吴名将陆逊之侄,曾做过丞相,文辞优雅。陆凯有个文学挚友范晔(《后汉书》作者)在长安。陆凯在春回大地、早梅初开之际,自荆州摘下一枝梅花,托邮驿转赠范晔,并附短诗:"折梅逢驿使,寄与陇头人;江南无所有,聊赠一枝春。"自陆凯始,以梅花传递友情之风逐

Note

渐盛行。到南北朝,有关梅花的诗文、轶事也多了。《金陵志》记载,宋武帝刘裕的女儿寿阳公主,日卧于含章殿檐下,梅花落于额上,成五出花,拂之不去,号梅花妆,宫人皆效之。这可能是用梅花图案化妆的开端。杭州孤山的梅花在唐代时闻名于世。诗人白居易在离开杭州时,写了一首《忆杭州梅花,因叙旧游,寄萧协律》:"三年闲闷在馀杭,曾为梅花醉几场;伍相庙边繁似雪,孤山园里丽如妆。"唐代名臣宋璟在东川官舍见梅花怒放于榛莽中,归而有感,遂作《梅花赋》,诗中有"独步早春,自全其天……贵不移于本性,方可俪于君子之节"等赞语。此外,如杜甫、李白等诸多名家均有咏梅诗篇。曾一度被唐明皇李隆基大为宠幸的江采萍,性喜梅花。《梅妃传》记载:"所居栏槛、悉植数枝……梅开赋赏,至夜分尚顾恋花下不能去。上(唐明皇)以其所好,戏名曰梅妃。"北宋处士林逋,隐居杭州孤山,不娶无子,而植梅放鹤,称"梅妻鹤子",他的《山园小梅》"疏影横斜水清浅,暗香浮动月黄昏"是梅花的传神写照,脍炙人口,被誉为千古绝唱。

❷ **层酥面团的水油面和干油酥的调制方法**

(1)根据品种要求来确定水油面与干油酥的比例,如菊花酥饼,因其在成形过程中每个花瓣都要拧转90°,如果干油酥过多,就易使花瓣根部断裂或拧断,所以像这样的制品,水油面与干油酥的比例应选用7∶3。而制作白皮酥时,制品既要求层次均匀、入口酥松,又要求表面光滑、完整洁白,因而这类制品水油面与干油酥的比例选用6∶4比较合适。制作千层酥等酥层外露的制品时,由于这类制品对酥层的要求较高,所以水油面与干油酥的比例可以选用5∶5,有的甚至选用4∶6或3∶7,不过这对制作者的基本功有相当高的要求,否则很容易失败。

(2)根据成熟方法的不同,来确定水油面与干油酥的比例。层酥类制品的成熟方法以炸、烤为主。炸制时,由于制品浸入油中,酥皮中水油面略多一些,可防止制品在油炸时发生松散、掉块、漏馅的现象,所以炸制品中水油面与干油酥的比例常选用6∶4;而烤制品在成熟过程中不存在上述现象,所以烤制品中水油面的用量要比炸制品少一些,因此水油面与干油酥的比例一般选用5∶5。

❸ **层酥类制品的成形与馅料**

层酥类制品成形可分为两种:一种是酥点生坯成形法,包括徒手成形法等各种成形方法;另一种是熟制成形法,如兰花酥、荷花酥、百合酥等制品,它们经油炸后形成层层花瓣,体现出刀下生花、油中开花等意境。

层酥点心除少部分不需馅料,大部分需在生坯内包入馅料。常用的馅料有豆沙馅、果酱馅、咖喱馅等。对于馅料的要求如下。

①选用熟馅或细小易熟的馅料,防止夹生。

②馅料要硬一些,便于花色酥点成形。

③馅料口味要与酥点配合,如甜味、咖喱味等。

❹ **层酥类制品的熟制**

层酥类制品最后一个环节是熟制,也是最后一道关口,否则将会前功尽弃。只有熟练掌握熟制的操作要领,才会充分显示制品的特色。层酥类制品熟制的方法通常有两种,即烤制和炸制。

(1)烤制:这种方法通常适用于暗酥类制品中酥饼类制品的制作,如双麻酥饼、蟹壳黄等,它的技术关键主要是烘烤温度和烘烤时间。具体的烘烤温度和烘烤时间与品种的大小有直接的联系,一般烤箱温度控制在200 ℃左右。

(2) 炸制：这种方法通常适用于明酥类制品及一些成熟后能开花显现层次的暗酥类制品。这类制品比烘烤类制品的制作难度高，要求制品成熟后酥层更加清晰，因此油炸过程显得更为重要。具体的操作方法：首先将油温升到三四成热，再将生坯投入其中，余到油锅内有大量气泡翻出时，离火或关小火，用温油焗一下，待酥层开发，再放到大火上，至制品色白、酥层内油外溢、制品松脆时，捞出沥油即可。

在上述过程中，油温和火候的控制是操作的关键，特别是投放生坯前的油温尤其重要，因为此时的温度过高或过低都直接影响制品的质量，过高酥层散不开或颜色太深，过低则导致含油或散碎。

那么如何检测油温呢？一方面我们可以借助烹饪专用温度计来检测，这样检测的温度更加精确。另一方面可通过观察油锅内制品周围气泡的大小来判断油锅内温度的变化。通常情况下，准备一小块水油面（用来试油温），然后起灶升温。若小面团投入锅中 3 s 内，表面有均匀细小的气泡吸附，则温度正好，此时可投入生坯。

总之，制作层酥类制品具有非常复杂的工艺过程，每个环节都至关重要且环环相扣，并直接影响到制品的质量。只有认真领会每个环节的操作要领，才能制作出上乘的制品。

三、成品标准

枣泥梅花酥成品形似梅花，外皮酥香，馅料香甜，枣泥味浓郁。

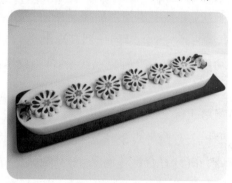

四、制作准备

❶ 设备与工具

（1）设备：操作台、案板、炉灶、烤箱、电子秤等。

（2）工具：不锈钢面盆、长筷子、手勺、片刀、擀面杖、餐盘、烤盘等。

❷ 原料与用量

（1）水油皮：面粉 100 g、猪油 30 g、水 40 g。

（2）干油酥：面粉 100 g、猪油 60 g。

（3）馅料：枣泥馅 150 g。

五、制作过程

枣泥梅花酥
水油皮和制

枣泥梅花酥
干油酥和制

枣泥梅花酥
开酥过程

枣泥梅花酥
成形过程

1. 将面粉开窝,加入猪油、水和成水油皮。🖥

2. 面粉中加入猪油和成干油酥。🖥

3. 将水油皮、干油酥封保鲜膜饧 20 min。

4. 用水油皮包干油酥,收紧口,擀成长方片。🖥

5. 将擀好的面坯卷起,揪成 20 g 一个的剂子。

6. 将枣泥馅揪成 15 g 一个的剂子。

7. 将面坯剂子按扁包入枣泥馅收口。

8. 用刀切出花瓣形状。

9. 用手将花瓣翻起。🖥

10. 用花戳点缀。

11. 烤箱上下火 180 ℃烤制 15 min。

12. 装盘点缀。

Note

六、营养成分分析

（1）每 100 g 面粉的营养成分：热量 559 kcal，蛋白质 6.2 g，脂肪 0.9 g，饱和脂肪酸 0.3 g，单不饱和脂肪酸 0.2 g，多不饱和脂肪酸 0.3 g，碳水化合物 78.5 g，不溶性膳食纤维 0.6 g，维生素 E 0.20 mg，维生素 B$_6$ 0.12 mg，烟酸 1.30 mg，磷 96 mg，钾 89 mg，钙 5 mg。

（2）每 100 g 猪油的营养成分：热量 901.6 kcal，脂肪 100 g，饱和脂肪酸 39.2 g，单不饱和脂肪酸 11.2 g，多不饱和脂肪酸 45.1 g，胆固醇 95 mg，碳水化合物 75.9 g，钠 40 mg，维生素 D 2.5 mg，锌 0.11 mg。

（3）每 100 g 枣泥的营养成分：热量 78.8 kcal，蛋白质 1.2 g，脂肪 0.2 g，碳水化合物 20.2 g，钠 3 mg，维生素 A 2 mg，维生素 C 69.0 mg，烟酸 0.90 mg，磷 23 mg，钾 250 mg，钙 21 mg，镁 10 mg。

七、任务检测

（1）梅原产于我国，我国种植梅至少有_____年的历史。《_____》里有"摽有梅，其实七兮"的记载。

（2）菊花酥饼，因在成形过程中每个花瓣都要拧转_____°，如果干油酥过多，就易使花瓣根部断裂或拧断，所以像这样的制品，水油面与干油酥的比例应选用_____：_____。

（3）烤制通常适用于_____类制品中的酥饼类制品的制作，如双麻酥饼、蟹壳黄等，它的技术关键主要是烘烤_____和烘烤_____。具体的烘烤温度和烘烤时间与品种的大小有直接的联系，一般烤箱温度控制在_____℃左右。

参考答案

八、评价标准

评价内容	评价标准	满分	得分
成形手法	枣泥梅花酥的揉、叠、压、擀、揪、包、切、镶嵌等手法正确	10	
成品标准	枣泥梅花酥成品形似梅花，外皮酥香，馅料香甜，枣泥味浓郁	10	
装盘	成品与盛装器皿搭配协调，造型美观	10	
卫生	工作完成后，工位干净整齐，工具清洗干净并摆放入位	10	
合计		40	

九、拓展任务

千层莲蓉酥的制作

（1）原料。

①水油皮：面粉 500 g、鸡蛋 1 个、细砂糖 50 g、猪油 25 g、清水 150 mL。

②干油酥：牛油 300 g、面粉 400 g、细砂糖 10 g、猪油 500 g。

③其他：莲蓉 150 g、全蛋液 100 g、白芝麻 35 g。

（2）制作方法：干油酥部分的所有材料混合，拌匀搓透备用；水油皮部分的所有材料混合均匀，搓至面团光滑，用保鲜膜包好，松弛 30 min；将水油皮擀开，包入干油酥，擀成长方片，两头向中间折起成 3 层，松弛，继续擀开折叠，重复 3 次，静置 1 h 后，用擀面杖将皮擀薄；用圆形切模压出酥坯，放入莲蓉馅，包起成形。将酥饼坯摆入烤盘，扫上全蛋液，撒上白芝麻，入烤箱以上 180 ℃、下 140 ℃烘烤 20 min 至金黄色熟透即可。

任务七 鲜花玫瑰饼

一、任务描述

内容描述

鲜花玫瑰饼是层酥面团制品。鲜花玫瑰饼的特点是外皮酥松，酥层均匀，馅料玫瑰花香味浓郁，在面点厨房中，利用面粉、水和猪油调制成的层酥面团，采用揉、叠、压、擀、揪、包、切、镶嵌等手法，放入烤箱烤制而成。

学习目标

（1）了解鲜花玫瑰饼的相关知识。

（2）能够利用鲜花玫瑰饼的面团比例，调制层酥面团。

（3）能够按照制作流程，在规定时间内完成鲜花玫瑰饼的制作。

（4）培养学生良好的卫生习惯，并遵守行业规范。

二、相关知识

❶ 鲜花玫瑰饼的典故

鲜花玫瑰饼是以鲜玫瑰花为主要原料，采用传统工艺精制而成。此产品历史悠久，是清代年间宫廷御制膳食之一。

鲜花玫瑰饼吃起来绵软酥松，香甜适口，有浓郁的玫瑰香味，是馈赠亲友的上好佳品。

❷ 鲜花玫瑰饼的传说

鲜花玫瑰饼是一款以云南特有的食用玫瑰花入料的酥饼，经过改良后的鲜花玫瑰已然成为一道新的创意面点。史料记载，鲜花玫瑰饼由早在300多年前的清代的一位制饼师傅创造，以其具有花香沁心、甜而不腻、养颜美容的特点而广为流传，从西南的昆明到北方的天津均可见。晚清时的《燕京岁时记》记载："四月以玫瑰花为之者，谓之玫瑰饼。以藤萝花为之者，谓之藤萝饼。

皆应时之食物也。"食用玫瑰花的花期有限,而这种饼只用食用玫瑰花的花瓣,这也是鲜花玫瑰饼颇显珍贵的一个原因。云南素有"植物王国""鲜花国度"的美誉,全国超七成的鲜花产自这里,正是因为云南拥有其他区域无法比拟的优势——四季如春的气候、优质充沛的日照、得天独厚的地理位置,为食用玫瑰花的生长提供了优异条件。

❸ 油酥面团的简介

油酥面团是指用面粉与油脂调制而成的面团,根据用途不同可分为起层酥、油炸酥和单酥(或称为混酥)。这种面团一般用于制作点心。

起层酥又分为大包酥和小包酥两种。

大包酥:用水油皮面团包裹干油酥面团,经过几次擀制折叠,再卷起来搓成条下剂,包入馅料而成的面团。它的特点是操作起来速度快,但起层效果不如小包酥。一般用于制作起酥的烧饼之类的点心。

小包酥:先把水油面面团和油面面团分别下剂,每个水油面剂子包入一个油面剂子,再经过2~3次擀卷后,擀制或用手捏制成面皮,包入馅料而成。它的特点是做出的成品层次分明,但制作起来相对比较麻烦,大批量制作时比较费时。一般用于制作蛋黄酥之类的点心。

油炸酥就是把加热后的油倒进面粉中搅拌,或是把面粉放入热油中炒制成微黄的油酥。一般在烙饼或制作烧饼时加入油炸酥。

单酥就是直接用油和水调成的面团,这种面团通常都加入白糖和化学膨松剂,而且搅拌时不宜多搅,以免生筋,只要搅匀就可以了。一般用于制作桃酥、饼干等。

水油皮面团:面粉、水、油脂搭配在一起和成的面团。

干油酥面团:面粉和油脂搭配在一起和成的面团。

❹ 玫瑰花馅的功效

食用玫瑰花比普通蔬菜含有更丰富的营养物质,具有较高的保健价值。食用玫瑰花味甘、微苦,性温,归肝、脾经,具有行气解郁、和血止痛的功效,是天然健康的滋补佳品。

京派创意面点

三、成品标准

鲜花玫瑰饼成品色泽洁白,层次分明,馅料香甜。

四、制作准备

❶ 设备与工具

(1) 设备:操作台、案板、炉灶、烤箱、电子秤等。

(2) 工具:不锈钢面盆、长筷子、手勺、片刀、擀面杖、餐盘、烤盘等。

❷ 原料与用量

(1) 水油皮:富强粉 310 g、乳化油 90 g、饴糖 18 g、绵白糖 35 g、沸水 170 g。

(2) 干油酥:玫瑰面 200 g、乳化油 100 g。

(3) 馅料:玫瑰花馅 100 g。

五、制作过程

鲜花玫瑰饼
开酥过程

鲜花玫瑰饼
上馅包制
过程

1. 和制水油皮面团。

2. 和制干油酥面团。

3. 水油皮 16 g 包干油酥 8 g,擀开。🖥

4. 将擀开的面皮折叠。

5. 折叠后将面皮饧 10 min。

6. 将面皮再次擀开。

7. 将玫瑰花馅 15 g 放在面皮中间。

8. 将面皮收紧口。

9. 将生坯调整成圆形。🖥

10. 用印章压出玫瑰花。

11. 将鲜花玫瑰饼放入烤箱,150 ℃ 烤 15 min。

12. 装盘点缀。

六、营养成分分析

（1）每 100 g 富强粉的营养成分：热量 350.5 kcal,蛋白质 10.3 g,脂肪 1.1 g,饱和脂肪酸 0.2 g,单不饱和脂肪酸 0.2 g,多不饱和脂肪酸 0.3 g,碳水化合物 75.2 g,不溶性膳食纤维 0.6 g,膳食纤维 0.4 g,维生素 E 0.73 mg,维生素 B_1 0.17 mg,维生素 B_6 0.06 mg,烟酸 2 mg,磷 114 mg,钾 128 mg,钙 27 mg。

（2）每 100 g 饴糖的营养成分：热量 330.4 kcal,蛋白质 0.2 g,脂肪 0.2 g,碳水化合物 82.0 g,维生素 B_1 0.1 mg,维生素 B_2 0.17 mg,烟酸 2.10 mg。

（3）每 100 g 乳化油的营养成分：热量 705.7 kcal,蛋白质 0.2 g,脂肪 79.3 g,饱和脂肪酸 34.6 g,反式脂肪酸 12.2 g,单不饱和脂肪酸 36.2 g,多不饱和脂肪酸 5.4 g,胆固醇 285 mg,碳水化合物 1.0 g,钠 940 mg,维生素 E 4.44 mg,磷 8 mg,钾 5 mg,钙 4 mg。

七、任务检测

（1）鲜花玫瑰饼历史悠久,是_____年间宫廷御制膳食之一。

参考答案

Note

（2）史料记载，鲜花饼由早在_____多年的清代的一位制饼师傅创造，以其具有_____、_____、_____的特点而广为流传，从西南的昆明到北方的天津均可见。

（3）晚清时的《_____》记载："_____以玫瑰花为之者，谓之玫瑰饼。以藤萝花为之者，谓之_____饼。皆应时之食物也。"食用玫瑰花的花期有限，而这种饼只用食用玫瑰花的花瓣，这也是鲜花玫瑰饼颇显珍贵的一个原因。

（4）食用玫瑰花比普通蔬菜含有更丰富的营养元素，具有较高的保健价值，食用玫瑰花味_____、性_____，归肝、脾经，具有_____、和血止痛的功效，是天然健康的滋补佳品。

八、评价标准

评价内容	评价标准	满分	得分
成形手法	鲜花玫瑰饼的揉、叠、压、擀、揿、包、切、镶嵌等手法正确	10	
成品标准	鲜花玫瑰饼成品色泽洁白，层次分明，馅料香甜	10	
装盘	成品与盛装器皿搭配协调，造型美观	10	
卫生	工作完成后，工位干净整齐，工具清洗干净并摆放入位	10	
合计		40	

九、拓展任务

▣ 叉烧酥的制作 ▣

（1）原料。

①水油皮：中筋面粉 250 g、清水 100 mL、猪油 70 g、细砂糖 40 g、全蛋液 50 g。

②干油酥：猪油 65 g、低筋面粉 130 g。

③其他：叉烧馅 150 g、蛋黄液 75 g、白芝麻 25 g。

（2）制作方法：水油皮部分的所有材料混合，拌成光滑面团，用保鲜膜包起，稍作松弛；干油酥部分的所有材料混合搓匀备用，将水油皮与干油酥按 3：2 的比例分切成剂子；水油皮包入干油酥，擀成薄酥皮，卷成条状，然后折起成 3 层，再擀压成酥皮；用酥皮包入叉烧馅，捏成三角状成形，排入烤盘，扫上蛋黄液，然后撒上白芝麻装饰；入烤箱以上 180 ℃、下 150 ℃烘烤 15 min，至浅金黄色熟透后即可。

任务八　螃蟹酥

扫码看课件

内容描述

螃蟹酥是层酥面团的特殊制品,在面点厨房中,利用面粉、水和黄油调制成的层酥面团,采用揉、叠、压、擀、揪、包、镶嵌等手法,放入烤箱烤制而成。

学习目标

（1）了解螃蟹酥的相关知识。

（2）能够运用层酥面团中的螃蟹酥,调制起酥面团。

（3）能够按照制作流程,在规定时间内完成螃蟹酥的制作。

（4）培养学生良好的卫生习惯,并遵守行业规范。

二、相关知识

❶ 螃蟹的传说

民间有这样一个传说,大禹治水的时候,有个地方螃蟹泛滥（当时还无螃蟹之名）,大禹手下有个督工叫巴解,被派去治理螃蟹泛滥。巴解想了个办法,在街边挖壕,把螃蟹引进去然后灌入沸水把它们烫死。最后很多螃蟹烫得通红,还溢出香味,巴解胆大,就掰开吃了一口,发现很好吃。以前的人称螃蟹为八脚虫,因为巴解是第一个敢吃它的,于是就在"解"的下面加个虫字,称为蟹。

❷ 关于螃蟹的散文

第二件不能忘却的事,是父亲的中秋赏月,而赏月之乐的中心,在于吃蟹。

我的父亲中了举人之后,科举就废,他无事在家,每天吃酒,看书。他不吃羊、牛、猪肉,而喜

Note

欢吃鱼、虾之类。而对于蟹，尤其喜欢。自七八月起直到冬天，父亲平日的晚酌规定吃一只蟹，一碗隔壁豆腐店里买来的开锅热豆腐干。他的晚酌，时间总在黄昏。八仙桌上一盏洋油灯，一把紫砂酒壶，一只盛热豆腐干的碎瓷盖碗，一把水烟筒，一本书，桌子角上一只端坐的老猫，我脑中这印象非常深刻，到现在还可以清晰地浮现出来。我在旁边看，有时他给我一只蟹脚或半块豆腐干。然我喜欢蟹脚。蟹的味道真好，我们五个姐妹兄弟，都喜欢吃，也是为了父亲喜欢吃的原故。只有母亲与我们相反，喜欢吃肉，而不喜欢又不会吃蟹，吃的时候常常被蟹螯上的刺刺开手指，出血；而且抉剔得很不干净，父亲常常说她是外行。父亲说：吃蟹是风雅的事，吃法也要内行才懂得。先折蟹脚，后开蟹斗……脚上的拳头（即关节）里的肉怎样可以吃干净，脐里的肉怎样可以剔出……脚爪可以当作剔肉的针……蟹螯上的骨头可以拼成一只很好看的蝴蝶……父亲吃蟹真是内行，吃得非常干净。所以陈妈妈说："老爷吃下来的蟹壳，真是蟹壳。"

蟹的储藏所，就在天井角落里的缸里，经常总养着十来只。到了七夕、七月半、中秋、重阳等节候上，缸里的蟹就满了，那时我们都有得吃，而且每人得吃一大只，或一只半。尤其是中秋一天，兴致更浓。在深黄昏，移桌子到隔壁的白场上的月光下面去吃。更深人静，明月底下只有我们一家的人，恰好围成一桌，此外只有一个可供差使的红英坐在旁边。大家谈笑，看月，他们——父亲和诸姐——直到月落时光，我则半途睡去，与父亲和诸姐不分而散。

这原是为了父亲嗜蟹，以吃蟹为中心而举行的。故这种夜宴，不仅限于中秋，有蟹的季节里的月夜，无端也要举行数次。不过不是良辰佳节，我们少吃一点，有时两人分吃一只。我们都学父亲，剥得很精细，剥出来的肉不是立刻吃的，都积受在蟹斗里，剥完之后，放一点姜醋，拌一拌，就作为下饭的菜，此外没有别的菜了。因为父亲吃菜是很省的，而且他说蟹是至味，吃蟹时混吃别的菜肴，是乏味的。我们也学他，半蟹斗的蟹肉，过两碗饭还有余，就可得父亲的称赞，又可以白口吃下余下的蟹肉，所以大家都勉励节省。现在回想那时候，半条蟹腿肉要过两大口饭，这滋味真好！自父亲死了以后，我不曾再尝这种好滋味。现在，我已经自己做父亲，况且已经茹素，当然永远不会再尝这滋味了。唉！儿时欢乐，何等令我神往！

——丰子恺《忆儿时》（节选）

❸ 起酥面团的简介

起酥面团是指由水油皮面团（即水、油、面粉混揉而成的面团）和干油酥面团（即只用油脂和面粉揉制成的面团）组成。起酥面团制品根据其本身性质，又分为层酥、单酥。层酥即由两块面组成，一块水油皮，一块干油酥，用水油皮包上干油酥而成。单酥又叫硬酥，由油、糖、面粉、化学膨松剂等原料组成，具有酥性但没层次，从性质上看，属于膨松面团。

三、成品标准

螃蟹酥成品色泽金黄,外皮酥脆,馅料香甜,造型美观。

四、制作准备

❶ 设备与工具

(1) 设备:操作台、案板、烤箱、电子秤等。

(2) 工具:不锈钢面盆、长筷子、手勺、片刀、走锤、餐盘、烤盘等。

❷ 原料与用量

(1) 干油酥:黄油 500 g、面粉 125 g。

(2) 水油皮:富强粉 375 g、鸡蛋 2 个、白糖 50 g、清水 180 g。

(3) 馅料:莲蓉馅 150 g。

五、制作过程

1. 将面粉称重备用。

2. 将面粉开窝,加入鸡蛋 2 个、白糖 50 g、清水 180 g。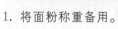

3. 将黄油称重备用。

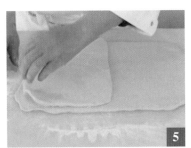

螃蟹酥和
制水油皮

螃蟹酥水油
皮包干油酥

螃蟹酥面皮
叠两个"三"

螃蟹酥用模
具压出形状

螃蟹酥
刷全蛋液

4. 将黄油加入面粉中,揉成干油酥备用。

5. 用水油皮包干油酥。🖥

6. 收紧周围边后用擀面杖擀。

7. 用走锤将面皮擀开。

8. 将面皮擀开,叠两个"三"。🖥

9. 继续将面皮擀开。

10. 用螃蟹模具压出生坯。🖥

11. 放入莲蓉馅。

12. 将生坯刷全蛋液。🖥

13. 入烤箱 200 ℃烤制 12 min。

14. 螃蟹酥制作完成。

Note

六、营养成分分析

(1) 每 100 g 富强粉的营养成分：热量 350.5 kcal，蛋白质 10.3 g，脂肪 1.1 g，饱和脂肪酸 0.2 g，单不饱和脂肪酸 0.2 g，多不饱和脂肪酸 0.3 g，碳水化合物 75.2 g，不溶性膳食纤维 0.6 g，膳食纤维 0.4 g，维生素 E 0.73 mg，维生素 B_1 0.17 mg，维生素 B_2 0.06 mg，烟酸 2 mg，磷 114 mg，钾 128 mg，钙 27 mg。

(2) 每 100 g 鸡蛋的营养成分：热量 143.8 kcal，蛋白质 13.3 g，脂肪 8.8 g，碳水化合物 2.8 g，胆固醇 585 mg，维生素 E 0.184 mg，维生素 B_1 0.11 mg，维生素 B_2 0.27 mg，烟酸 0.2 mg，磷 130 mg，钾 154 mg，钙 56 mg。

七、任务检测

(1) 以前的人称螃蟹为_____，因为_____是第一个敢吃它的，于是就在"解"的下面加个"虫"字，称为"蟹"。

(2) 油酥面团是用_____和_____作为主要原料调制而成的面团。油酥面团是起酥类制品所用面团的总称，它分为_____、_____、_____三大类。

(3) 起酥面团制品根据其本身性质，又分为_____和_____。

(4) 每 100 g 鸡蛋含蛋白质_____ g，脂肪_____ g，碳水化合物_____ g。

参考答案

八、评价标准

评价内容	评价标准	满分	得分
成形手法	螃蟹酥的揉、叠、压、擀、揪、包、镶嵌等手法正确	10	
成品标准	螃蟹酥成品色泽金黄，外皮酥脆，馅料香甜，造型美观	10	
装盘	成品与盛装器皿搭配协调，造型美观	10	
卫生	工作完成后，工位干净整齐，工具清洗干净并摆放入位	10	
合计		40	

九、拓展任务

老婆饼的制作

（1）原料。

①水油皮：中筋面粉 250 g，猪油、细砂糖、全蛋液各 50 g，清水 75 g。

②干油酥：猪油 65 g、低筋面粉 130 g。

③馅料：温水 125 g，细砂糖 100 g，猪油 20 g，植物油 20 mL，芝麻、椰蓉各 15 g，糖冬瓜 30 g，糕粉 75 g。

（2）制作方法：将水油皮部分的细砂糖溶化后，与其余材料拌匀，搓成光滑面团，用保鲜膜包起；干油酥部分的材料混合拌匀备用；水油皮、干油酥按 3∶2 的比例分切成剂子，用水油皮包干油酥，擀薄，卷成条形，折成 3 层，再擀薄成酥皮备用；馅料部分的所有材料（除芝麻外）混合拌匀，分切成小面团；用薄酥皮包馅料，捏紧收口，稍松弛后，擀成薄饼坯；排入烤盘，扫上蛋黄液（材料外），撒上芝麻装饰，中间切两刀；以上 180 ℃、下 150 ℃烘烤成金黄色即可。

任务九　萝卜丝酥

一、任务描述

内容描述

萝卜丝酥是明酥面团制品,特点是外皮酥松,酥层均匀,馅料萝卜和金华火腿香味浓郁,在面点厨房中,利用面粉、水和猪油调制成的明酥面团,采用揉、叠、压、擀、揪、包、卷、切、镶嵌等手法,放入烤箱烤制而成。

学习目标

(1) 了解萝卜丝酥的相关知识。

(2) 能够利用萝卜丝酥的面团比例,调制明酥面团。

(3) 能够按照制作流程,在规定时间内完成萝卜丝酥的制作。

(4) 培养学生良好的卫生习惯,并遵守行业规范。

二、相关知识

❶ 立春吃萝卜的典故

《明宫史·饮食好尚》记载:"立春之时,无贵贱皆嚼萝卜,名曰'咬春'。"清代《燕京岁时记》记载:"妇女等多买萝卜而食之,曰'咬春',谓可以却春困也。"

❷ 萝卜的营养及其功效

吃萝卜不仅可以解春困,还可以增强妇女的生育功能,立春萝卜又名"子孙萝卜"。中医认为,春季保健,应该要特别注意对肝脏进行保养,因为春季阳气开始升发。所以,应多吃一些辛甘发散性质的食物,而少食具有酸收作用的食物。萝卜正是立春时节最佳的保健食物。萝卜又名莱菔,它生熟食用皆宜,生用味辛性寒,熟用味甘性微凉,具有较高的营养价值和药用价值,有"小人参"之美称。民间也有"萝卜上市,医生没事"的说法。萝卜中还含有维生素C,可以帮助消除体内的废物,促进身体的新陈代谢,尤其是白萝卜(水萝卜),其富含的酶可以促进消化,可预防胃痛和胃溃疡。"萝卜头辣、尾燥、腰正好",专家也提醒,萝卜分段吃,营养各不同;萝卜的头部含维生素C最多,宜爆炒和煮汤;中间段含糖量较高,可切丝凉拌;尾部辛辣,含淀粉酶和芥子油,适宜腌拌。平时家里人少,一根大萝卜一次吃不完时,可以竖着剖开吃一半,这样萝卜的头、腰、尾都在菜里,营养均衡。

❸ 金华火腿的历史由来

金华火腿的来历与宋代抗金名将宗泽有关。当时宗泽抗金战胜而还,乡亲们争送猪腿让其带回开封慰劳将士,因路途遥远,乡亲们撒盐腌制猪腿以便携带。后来宗泽将腌猪腿献给朝廷,康王赵构见其肉色鲜红似火,赞不绝口,赐名"火腿",更为火腿锦上添花。又因南宋时期的东阳、义乌、兰溪、浦江、永康等地均属金华管辖,故这些地区生产的火腿统称为金华火腿。

两宋时期,金华火腿生产规模不断扩大,成为金华的知名特产。元代,意大利马可波罗将火腿的制作方法传至欧洲,成为欧洲火腿的起源。明代,金华火腿已成为金华乃至浙江著名的特产,并被列为贡品。清代,金华火腿已远销日本、东南亚和欧美各地。

❹ 金华火腿的营养及其功效

金华火腿性温,味甘、咸,具有健脾开胃、生津益血、滋肾填精之功效,可用于治疗虚劳怔忡、脾虚少食、久泻久痢、腰腿酸软等症。江南一带常以之煨汤作为产妇或病后开胃增食的食品,因火腿有加速创口愈合的功能,现常用为外科手术后的辅助食品。金华火腿色泽鲜艳,红白分明,瘦肉香咸带甜,肥肉香而不腻,美味可口。金华火腿内含丰富的蛋白质和脂肪,多种维生素和矿物质。金华火腿制作经冬历夏,经过发酵分解,营养成分更易被人体所吸收,具有养胃生津、益肾壮阳、固骨髓、健足力、愈创口等作用。金华火腿含盐量高,属高钠食品,高血压患者和老年人不宜食用。高钠饮食对人体健康不利,是导致胃溃疡、胃癌的元凶之一,对升高血压尤为明显。另外,高钠饮食还会造成钙的丢失,用水煮金华火腿可使部分盐分析出。若将金华火腿放入冰箱低温储存,其中的水分就会结冰,脂肪析出,肌肉结块或松散,肉质变味,极易腐败,故应保存在阴凉干燥的地方,避免日光照射。日光中的红外线和紫外线会使火腿脱水,质地变硬,引起变色、变味,甚至导致腐败而不能食用。

三、成品标准

萝卜丝酥成品形状椭圆,色泽淡黄,酥层清晰,咸香适口,萝卜丝和金华火腿的香味浓郁。

四、制作准备

❶ 设备与工具

(1) 设备:操作台、案板、炉灶、烤箱、电子秤等。

(2) 工具:不锈钢面盆、长筷子、手勺、片刀、擀面杖、餐盘、烤盘等。

❷ 原料与用量

(1) 水油皮:雪花粉 200 g、低筋面粉 150 g、水 190 g、猪油 60 g。

(2) 干油酥:猪油 300 g、低筋面粉 300 g。

(3) 馅料:萝卜丝 150 g、金华火腿蓉 35 g。

(4) 调味料:盐 2 g、鸡精 15 g、白胡椒粉 2 g、芝麻油 20 g、香葱末 20 g、熟猪油 25 g、五香粉 2 g等。

五、制作过程

1. 原料准备。

2. 和制水油皮。

3. 和制干油酥。

萝卜丝酥介
绍原料及和
制水油皮

萝卜丝酥
擀制干油酥

萝卜丝酥
擀酥过程

Note

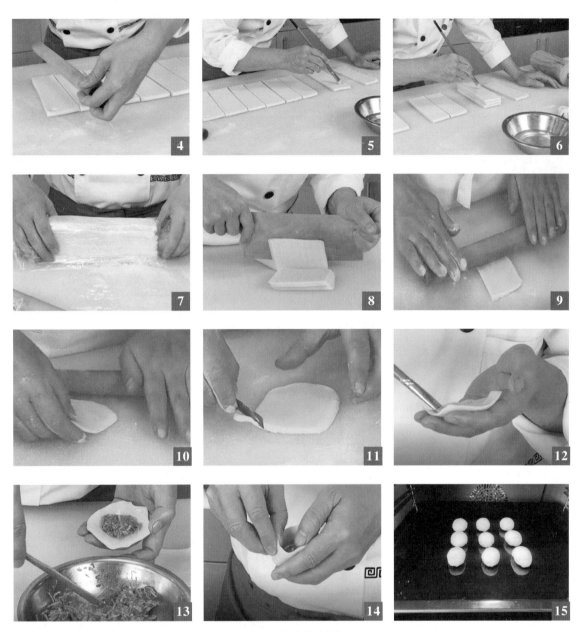

萝卜丝酥上
馅包制过程

4. 将开好的酥等分。

5. 将表面干面粉扫掉。

6. 将酥皮每层刷上全蛋液,重叠码放。

7. 将酥皮放入冰箱冷冻。

8. 将酥皮取出斜切成片。

9. 用擀面杖顺纹擀开。

10. 将边缘擀薄。

11. 用刀修切成圆形。

12. 刷上蛋清。

13. 包入馅料。

14. 将生坯收口包紧、整形。🖥

15. 放入烤箱中,上下火 185 ℃烤制 10 min。点缀装盘。

六、营养成分分析

(1) 每 100 g 金华火腿的营养成分:热量 318 kcal,蛋白质 16.4 g,脂肪 28.0 g,饱和脂肪酸 8.2 g,单不饱和脂肪酸 14.0 g,多不饱和脂肪酸 2.6 g,碳水化合物 0.1 g,胆固醇 98 mg,维生素

Note

A 20 mg,维生素 B_1 0.51 mg,维生素 B_2 0.18 mg,维生素 E 0.18 mg,烟酸 4.80 mg,磷 125 mg,钾 389 mg,钙 9 mg,钠 233 mg。

（2）每 100 g 萝卜的营养成分：热量 16 kcal,蛋白质 0.7 g,脂肪 0.1 g,碳水化合物 3.4 g,膳食纤维 1.6 g,维生素 C 14.8 mg,烟酸 0.25 mg。

七、任务检测

参考答案

（1）_____时期,金华火腿生产规模不断扩大,成为金华的知名特产。元代,意大利_____将火腿的制作方法传至欧洲,成为欧洲火腿的起源。明朝时,金华火腿已成为金华乃至_____著名的特产,并被列为贡品。清代时,金华火腿已远销_____、_____和欧美各地。

（2）《_____》记载："立春之时,无贵贱皆嚼萝卜,名曰'_____'。"清代《_____》记载："妇女等多买萝卜而食之,曰'咬春',谓可以却春困也。"吃萝卜不仅可以解春困,还可以增强妇女的生育功能。

（3）每 100 g 萝卜的营养成分：热量_____ kcal,蛋白质 0.7 g,脂肪 0.1 g,碳水化合物 3.4 g,膳食纤维_____ g,维生素 C _____ mg,烟酸 0.25 mg。

八、评价标准

评价内容	评价标准	满分	得分
成形手法	萝卜丝酥的揉、叠、压、擀、包、卷、切、镶嵌等手法正确	10	
成品标准	萝卜丝酥成品形状椭圆,色泽淡黄,酥层清晰,咸香适口,萝卜丝和金华火腿的香味浓郁	10	
装盘	成品与盛装器皿搭配协调,造型美观	10	
卫生	工作完成后,工位干净整齐,工具清洗干净并摆放入位	10	
合计		40	

九、拓展任务

鲜虾千层酥的制作

（1）原料。

①水油皮：面粉 500 g、猪油 150 g、清水 250 g。

②干油酥：面粉 500 g、猪油 250 g、细砂糖 15 g、全蛋液 50 g。

③其他：白灼基围虾 150 g、全蛋液 50 g。

（2）制作方法：干油酥部分的所有材料混合，拌匀搓至面团光滑，备用；水油皮部分的面粉开窝，拌入猪油、清水，再将面粉拌入中间，搓成光滑面团，用保鲜膜包好面团，松弛 30 min；将水皮面擀开，包入擀开的干油酥，擀成长圆形，两头向中间折起来成 3 层，松弛后继续擀开折叠，反复 3 次；静置 1 h 后，再用擀面杖将面团擀薄，切模压出酥坯，排入烤盘内，用稍小的切模压出酥坯，去掉实心的部分；酥坯扫上全蛋液后，将空心的酥坯放在烤盘中；以上 180 ℃、下 140 ℃烘烤 20 min 至金黄色，待凉后放上白灼基围虾即可。

任务十　象形小萝卜酥

扫码看课件

一、任务描述

内容描述

象形小萝卜酥是明酥面团制品,特点是外皮酥松,酥层均匀,馅料香甜,在面点厨房中,利用面粉、水和猪油调制成的明酥面团,采用揉、叠、压、擀、揪、包、卷、切、镶嵌等手法,炸制而成。

学习目标

(1) 了解象形小萝卜酥的相关知识。

(2) 能够利用象形小萝卜酥的面团比例,调制明酥面团。

(3) 能够按照制作流程,在规定时间内完成象形小萝卜酥的制作。

(4) 培养学生良好的卫生习惯,并遵守行业规范。

二、相关知识

❶ 莲子的介绍

莲子,是睡莲科植物莲的干燥成熟种子,分布于我国南北各省,具有补脾止泻、益肾涩精、养心安神之功效,常用于脾虚久泻、遗精带下、心悸失眠。

❷ 白莲蓉馅料的营养及其功效

莲子中的钙、磷和钾含量非常丰富,还含多种维生素和微量元素等物质,除可以构成骨骼和牙齿的成分外,还具有促进凝血、使某些酶活化、维持神经传导性、镇静神经、维持肌肉的伸缩性和心跳的节律等作用,对治疗神经衰弱、慢性胃炎、消化不良、高血压等也有一定功效。丰富的磷还是细胞核蛋白质的主要组成部分,并维持酸碱平衡,对精子的形成也有重要作用。莲子有养心安神的功效,中老年人,特别是脑力劳动者经常食用,可以健脑、增强记忆力、提高工作效率,并能预防老年痴呆的发生。莲子中央的绿色胚苗,称为莲子心,含有莲心碱、异莲心碱等多种生物碱,味道极苦,有清热泻火的功能,还有显著的强心作用,能扩张外周血管,降低血压。

Note

❸ 开明酥的要领

明酥,顾名思义,就是酥层要在外面。因此,它的质量要求,除符合一般油酥面团制品的质量要求外,还要求表面的酥层清晰、层次均匀,不能有乱酥、破裂、漏馅等现象,在操作中,有以下 5 点注意事项。

(1) 起酥要起得整齐,即在擀长形薄片时,厚薄要均匀一致,宜用卷的方法起酥,这样才能达到纹路均匀、细致。

(2) 由于明酥面团制品一般都包有馅料,因此揿酥皮时要小心,要揿正按圆,擀时从中间向外擀,用力适当,并要擀正擀圆,纹路才能整齐。

(3) 包馅时坯皮的底、面要分清,将酥层清晰的一面朝下(称面),另一面朝上(称底)。

(4) 用圆酥或直酥,应根据品种形态决定,不能凭主观乱用。

(5) 炸制时用文火。

三、成品标准

象形小萝卜酥成品造型美观,形态逼真,层次分明,馅料香甜。

四、制作准备

❶ 设备与工具

(1) 设备:操作台、案板、炉灶、炸锅、电子秤等。

(2) 工具:不锈钢面盆、长筷子、手勺、片刀、擀面杖、餐盘等。

❷ 原料与用量

(1) 水油皮:雪花粉 200 g、低筋面粉 150 g、水 190 g、猪油 60 g。

(2) 干油酥:低筋面粉 300 g、猪油 200 g、菠菜汁 20 g。

(3) 馅料:莲蓉馅 50 g。

(4) 其他:花生油 1500 g、奥利奥饼干碎 200 g 等。

象形小萝卜
酥开酥过程

五、制作过程

象形小萝卜
酥包制过程

象形小萝卜
酥成形过程

1. 将开好的酥斜切出片。🖥

2. 用小刀切去多余部分。

3. 将面皮刷蛋清。

4. 包入馅料卷起。

5. 将面皮收口。

6. 掐掉多余部分。🖥

7. 对象形萝卜整形。

8. 接口处刷蛋清。

9. 用毛笔戳一个窝。

10. 用菠菜汁和面做出根部。

11. 用签子将根部镶入萝卜根部。🖥

12. 锅内烧油,待油温升至 170 ℃。

Note

象形小萝卜
酥炸制过程

13. 将小萝卜生坯下锅炸
　　至成熟。

14. 用奥利奥饼干碎装盘
　　点缀。

六、营养成分分析

每 100 g 花生油的营养成分：热量 888.2 kcal，蛋白质 16.4 g，脂肪 99.9 g，饱和脂肪酸 17.7 g，单不饱和脂肪酸 39.0 g，多不饱和脂肪酸 36.6 g，维生素 A 20 mg，维生素 E 42.06 mg，磷 15 mg，钾 1 mg，钙 12 mg，钠 4 mg。

七、任务检测

（1）和制水油皮所需原料：雪花粉＿＿＿＿＿ g、低筋面粉＿＿＿＿＿ g、水＿＿＿＿＿ g、猪油＿＿＿＿＿ g。

（2）和制干油酥所需原料：低筋面粉＿＿＿＿＿ g、猪油＿＿＿＿＿ g、菠菜汁＿＿＿＿＿ g。

参考答案

八、评价标准

评价内容	评价标准	满分	得分
成形手法	象形小萝卜酥的揉、叠、压、擀、揿、包、卷、切、镶嵌等手法正确	10	
成品标准	象形小萝卜酥成品造型美观，形态逼真，层次分明，馅料香甜	10	
装盘	成品与盛装器皿搭配协调，造型美观	10	
卫生	工作完成后，工位干净整齐，工具清洗干净并摆放入位	10	
合计		40	

Note

九、拓展任务

酥香榴莲酥的制作

（1）原料：低筋面粉 1000 g、高筋面粉 120 g、清水 200 g、白糖 150 g、鸡蛋 150 g、黄油 250 g、化猪油 350 g、鲜榴莲肉 800 g、海苔 4 张、色拉油 2000 g（油炸用）。

（2）制作方法：先在低筋面粉、高筋面粉、白糖、鸡蛋和化猪油加入清水，调制成光滑水油面，擀成厚约 1 cm 的面块，放入垫有保鲜膜的方盘，盖上保鲜膜入冰箱冷却；再将低筋面粉、化猪油和黄油反复擦搓均匀成干油酥，擀成与酥皮同样的块放入冰箱冷却待用；鲜榴莲肉用手捏碎，制成馅料；待水油面和干油酥静置冷却好后取出，将水油面翻扣在案板上，盖上干油酥面团用擀面杖擀薄，对叠再擀薄，然后一叠三，再擀薄，再一叠三擀薄，用刀切成宽 6～8 cm 的面块，表面刷上蛋清，再重叠成长方体状，包上保鲜膜入冰箱冷却；待酥皮冷却后取出用刀斜切成薄片，用擀面杖顺酥层擀薄，装入榴莲馅，卷成圆筒，两端用海苔系上即为生坯；锅内加色拉油烧至 90 ℃，放入生坯炸至酥层清晰，再升温炸至酥层变硬，色泽金黄即可。

杂粮面团及米类制品

学习导读

学习内容

本单元的主要学习内容是围绕京派创意面点中的杂粮面团及米类制品展开的。每个任务都从任务描述、相关知识、成品标准、制作准备、制作过程、营养成分分析、任务检测、评价标准、拓展任务等方面阐述,体现了理实一体化,并以工作过程为主线,夯实学生的技能基础。在学习成果评价方面,融入面点职业技能鉴定标准。专门设置了任务检测与拓展任务,能够全面检验学生的学习效果。任务中的任务描述融入了现代面点厨房中的岗位群工作要求及行业标准,培养学生在面点厨房中的实际工作能力。

任务简介

本单元由 10 个任务组成,其中任务一至五是训练京派创意面点杂粮面团及米类制品中的杂粮面团,并突出强调创新理念,拓展任务是山药红豆糕、雪媚娘、芸豆卷、京式绿豆糕和苏式绿豆糕、日式铜锣烧;任务六至七是训练京派面点杂粮面团及米类制品中的米类制品,拓展任务是天津炸糕和京天红炸糕、大米糕和胡萝卜糕;任务八至十是训练京派创意面点杂粮面团及米类制品中的澄面制品,拓展任务是莲蓉水晶饼和芝士奶黄饺、潮州粉果和红桃粿、鱼饺和艾粄。

任务一　桂汁山药寿桃

扫码看课件

一、任务描述

内容描述

桂汁山药寿桃是杂粮面团制品,在面点厨房中,利用熟山药泥、熟澄面、生粉、猪油和糖调制成的杂粮面团,采用揉、搓、压、揪、包、镶嵌等手法,放入蒸笼蒸制而成。

学习目标

(1)了解桂汁山药寿桃的相关知识。

(2)能够利用桂汁山药寿桃的面团比例,调制杂粮面团。

(3)能够按照制作流程,在规定时间内完成桂汁山药寿桃的制作。

(4)培养学生良好的卫生习惯,并遵守行业规范。

二、相关知识

❶ 杂粮面团的定义

杂粮面团是指以玉米、高粱、小米及各种豆类等为主要原料制作而成的面团。用杂粮制作食物,一般需将原料加工成粉料、泥蓉,然后加水调制。杂粮面团的特点是外皮绵软,馅料酸甜。

❷ 杂粮面团的调制要领

(1)原料必须经过精选、加工整理,如豆类需制成沙或干粉,薯类需制熟后去皮、去筋制成泥或干粉等。

(2)此类原料一般缺少黏性,制作时需掺入其他原料一同揉制,以增加强度、黏性,便于制作,改善制品口味。

(3)用此类原料制作的制品要突出它们的风味特色,因此配料调制也要十分精细、讲究,比例要严格把握。

(4)对于某些比较鲜嫩、不宜久藏的原料,要把握好季节,以突出制品的时令性。课堂上可以教师理论讲解制品示范、学生实训实践的方法,了解杂粮面团的成团原理,掌握杂粮面团的调

Note

制方法与技巧等知识。

❸ 山药的简介

山药,中药材名,薯蓣科植物薯蓣的干燥根茎。11—12月采挖,切去根头,洗净泥土,用竹刀刮去外皮晒干或烘干,即为毛山药。选择粗大的毛山药,用清水浸透,再微加热,并用棉被盖好,保持湿润闷透,然后放在木板上搓揉成圆柱状,将两头切齐,即为光山药。

❹ 山药功效

(1)食用价值:山药块茎富含淀粉,可供蔬食。山药是入肺、健脾、补肾的佳品。山药黏糊糊的汁液主要是黏蛋白,能保持血管弹性,还有润肺止咳的功能。山药可与红枣搭配熬粥,或用于煲汤,也可与各种食材清炒。

(2)药用价值:山药,味甘、平。具有补脾养胃,生津益肺,补肾涩精的功效。

❺ 山楂的简介

山楂,属于蔷薇科山楂属,为落叶乔木,高可达 6 m,在山东、陕西、山西、河南、江苏、浙江、辽宁、吉林、黑龙江、内蒙古、河北等地均有分布。核质硬,果肉薄,味微酸涩。果可生吃或做果脯、果糕,干制后可入药,是中国特有的药果兼用树种。

❻ 山楂功效

(1)助消化:山楂含多种有机酸,口服后刺激胃黏膜分泌胃液,增强胃液酸度,提高胃蛋白酶活性,促进蛋白质的消化;山楂中含脂肪酶,能促进脂肪的消化;山楂含有维生素 C 等成分,口服可增强食欲;山楂对胃肠运动功能具有调节作用,对痉挛状态的胃肠平滑肌有抑制作用,对松弛状态的平滑肌有兴奋作用。

(2)降血脂、抗动脉粥样硬化:山楂黄酮可显著降低实验性高血脂动物的血清总胆固醇、低密度脂蛋白胆固醇和载脂蛋白 B 的浓度,显著升高高密度脂蛋白胆固醇和载脂蛋白 A 的浓度,但对甘油三酯的浓度影响不大。山楂降血脂的功能是通过抑制肝脏胆固醇的合成,促进肝脏对血浆胆固醇的摄入而发挥的。山楂黄酮还可降低动脉粥样硬化发生的危险性,起到预防动脉粥样硬化的作用。

(3)对心血管系统的作用。

①抗心肌缺血。山楂对急性实验性心肌缺血具有保护作用。山楂黄酮、山楂水解产物增加缺血心肌营养性血流量,其中以山楂水解产物作用最强。山楂在增加冠状动脉血流量的同时,还能降低心肌耗氧量,提高氧利用率。

②强心。山楂具有增强心肌收缩力、增加心排血量的作用。山楂提取物可增强在体、离体蟾蜍心脏心肌收缩力,维持作用时间长。

③降压。山楂黄酮、三萜酸静脉、腹腔及十二指肠给药,均显示有一定的降压作用,其作用机制主要与扩张外周血管有关。

④抗氧化。山楂及山楂黄酮具抗氧化作用,能显著降低血清和肝脏中丙二醛含量,增强红细胞和肝脏超氧化物歧化酶的活性。

(4)抑菌:山楂对大肠埃希菌、金黄色葡萄球菌等有较强的抑菌作用。

❼ 桂花的简介

桂花是中国木樨属众多树木的习称,代表物种木樨,又名岩桂,系木樨科常绿灌木或小乔木,质坚皮薄,叶长椭圆形面端尖,对生,经冬不凋。花生于叶腋间,花冠合瓣四裂,形小,其园艺品种繁多,最具代表性的有金桂、银桂、丹桂、月桂等。桂花是中国传统十大名花之一,是集绿化、美化、香化于一体的观赏与实用兼备的优良园林树种。桂花清可绝尘,浓能远溢,堪称一绝,尤其是中秋时节,丛桂怒放,夜静轮圆之际,把酒赏桂,陈香扑鼻,令人神清气爽。在中国古代的咏花诗词中,咏桂之作的数量也颇为可观。桂花自古就深受人们的喜爱,被视为传统名花。以桂花为原料制作的桂花茶是中国特产茶,香气柔和、味道可口,为大众所喜爱。

❽ 桂花功效

桂花,淡黄白色,芳香,可提取芳香油,制桂花浸膏,可用于食品、化妆品,可制糕点、糖果,并可酿酒。桂花味辛,其花、果实及根皆可入药。秋季采花,春季采果,四季采根,分别晒干。花:味辛,性温。果:味辛、甘,性温。根:味甘、微涩,性平。功能主治:花,散寒破结,化痰止咳,用于牙痛,咳喘痰多,经闭腹痛;果:暖胃,平肝,散寒,用于虚寒胃痛;根:祛风湿,散寒,用于风湿筋骨疼痛,腰痛,肾虚牙痛。

三、成品标准

桂汁山药寿桃成品色泽美丽,口味酸甜适口,口感绵软,形态逼真。

四、制作准备

❶ 设备与工具

(1) 设备:操作台、案板、炉灶、蒸锅、电子秤等。

(2) 工具:不锈钢面盆、长筷子、手勺、片刀、擀面杖、餐盘等。

❷ 原料与用量

(1) 皮料:山药 600 g、熟澄面 125 g、菠菜 100 g、红菜头 100 g、生粉 20 g、猪油 20 g、白糖 10 g等。

(2) 馅料:山楂馅 250 g、糯米粉 80 g、桂花糖 25 g、白糖 50 g、芝麻碎 30 g等。

京派创意面点

桂汁山药寿
桃蒸熟山药
碾成泥

桂汁山药
寿桃烫澄面

桂汁山药寿
桃熟澄面与
山药泥混合
和制过程

桂汁山药寿
桃馅料搓球

桂汁山药
寿桃包入
馅料、成形

桂汁山药寿
桃寿桃上色

五、制作过程

1. 将原料清洗干净待用。

2. 将山药蒸熟。

3. 将蒸熟山药碾成泥。🖥

4. 将澄面用沸水烫熟。🖥

5. 将熟澄面与山药泥混合揉成面团。🖥

6. 将菠菜打成汁,和成面团做出叶子。

7. 将馅料揉成球。🖥

8. 将面团分成 70 g 一个的剂子。

9. 剂子包入馅料,贴上叶子。🖥

10. 将制作成形的寿桃蒸制 3 min。

11. 将寿桃上色。🖥

12. 用"寿"字模具压出寿字。

Note

13. 将"寿"字贴在寿桃上即可。

14. 装盘点缀即可。

六、营养成分分析

（1）每 100 g 山药的营养成分：热量 118 kcal，蛋白质 1.5 g，脂肪 0.2 g，碳水化合物 27.9 g，糖 0.5 g，膳食纤维 4.1 g，钠 9 mg，维生素 A 7 mg，维生素 E 0.35 mg，维生素 B_1 0.11 mg，维生素 B_2 0.03 mg，维生素 B_6 0.29 mg，维生素 C 17.1 mg，叶酸 23 mg，烟酸 0.55 mg，磷 55 mg，钾 816 mg，钙 17 mg，镁 21 mg。

（2）每 100 g 山楂的营养成分：热量 101.5 kcal，蛋白质 0.5 g，脂肪 0.6 g，碳水化合物 25.1 g，不溶性膳食纤维 3.1 g，钠 5 mg，维生素 E 7.32 mg，维生素 B_1 0.02 mg，维生素 B_2 0.02 mg，维生素 C 53.0 mg，烟酸 0.40 mg，磷 24 mg，钾 299 mg，钙 52 mg。

七、任务检测

（1）杂粮面团是指以_____、_____、_____及各种_____等为主要原料制作而成的面团。用杂粮制作食物，一般需将原料加工成_____、_____，然后加水调制。

（2）山楂，属于_____科山楂属，为落叶_____，高可达 6 m。果可生吃或做果脯果糕，干制后可入药，是中国特有的药果兼用树种。

（3）桂花是中国传统十大名花之一，是集_____、_____、_____于一体的观赏与实用兼备的优良园林树种。桂花清可绝尘，浓能远溢，堪称一绝，尤其是_____时节，丛桂怒放，夜静轮圆之际，把酒赏桂，陈香扑鼻，令人神清气爽。

（4）山药块茎富含淀粉，可供蔬食。山药是_____、_____、_____的佳品。山药黏糊糊的汁液主要是黏蛋白，能保持血管_____，还有_____的功能。山药可与红枣搭配熬粥，或用于煲汤，也可与各种食材清炒。

参考答案

Note

八、评价标准

评价内容	评价标准	满分	得分
成形手法	桂汁山药寿桃的揉、搓、压、揪、包、镶嵌等手法正确	10	
成品标准	桂汁山药寿桃成品色泽美丽,口味酸甜适口,口感绵软,形态逼真	10	
装盘	成品与盛装器皿搭配协调,造型美观	10	
卫生	工作完成后,工位干净整齐,工具清洗干净并摆放入位	10	
合计		40	

九、拓展任务

山药红豆糕的制作

(1)原料:山药 750 g、红豆馅 150 g、枣泥 100 g。

(2)制作方法。

①清理山药。山药表皮洗干净后,用削皮器刮去皮。注意,山药的黏液会让人手痒,最好戴上手套。

②蒸制山药。把洗干净的山药上蒸锅蒸制 20 min 左右。用筷子插一下很容易插进去,山药变得很黏就可以了。

③制作山药泥。等山药稍微凉一下,把山药放在保鲜膜上,包起来用捣子或保鲜膜棍打成泥状,不断折叠山药泥,确保没有硬块。

④取适当的山药泥包入红豆沙,搓成团子放入模具,压紧后把装有山药泥的一面朝下,握紧模具敲打桌面,直到糕饼掉出。

Note

任务二　奶酪青团

扫码看课件

一、任务描述

内容描述

奶酪青团是杂粮面团的典型品种,特点是外皮黏软,馅料香甜,奶酪香味浓郁,在面点厨房中,利用糯米粉、熟澄面、猪油、白糖、水、抹茶粉调制成的杂粮面团,采用揉、搓、压、揪、包、镶嵌等手法,放入蒸笼蒸制而成。

学习目标

(1)了解奶酪青团的相关知识。

(2)能够利用奶酪青团的面团比例,调制杂粮面团。

(3)能够按照制作流程,在规定时间内完成奶酪青团的制作。

(4)培养学生良好的卫生习惯,并遵守行业规范。

二、相关知识

❶ 青团的典故传说

青团是在清明节吃的一道传统点心,用艾草的汁拌进糯米粉里,再包裹豆沙或者莲蓉,不甜不腻,带有清淡却悠长的清香。据考证,青团之称大约始于唐代,已有 1000 多年的历史。每逢清明几乎都要蒸青团,古时候人们做青团主要用作祭祀。虽然青团已流传千百年,其外形一直没有变化,但它作为祭祀品的功能已日益淡化,而是成了一道时令性很强的小吃。做青团,有的采用浆麦草,有的采用青艾汁,也有用其他绿叶蔬菜汁和糯米粉捣制,再以豆沙为馅。

❷ 清明节的简介

清明节,又称踏青节、行清节、三月节、祭祖节等,节期在仲春与暮春之交。清明节源自上古时代的祖先信仰与春祭礼俗,是中华民族最隆重盛大的祭祖大节。清明节兼具自然与人文两大内涵,既是自然节气点,也是传统节日,扫墓祭祖与踏青郊游是清明节的两大节日主题,这两大节日主题在中国自古传承,至今不辍。

清明节与春节、端午节、中秋节并称为中国四大传统节日。除了中国,世界上还有一些国家和地区也过清明节,比如越南、韩国、马来西亚、新加坡等。2006 年 5 月 20 日,经国务院批准,清明节列入我国第一批国家级非物质文化遗产名录。

❸ 艾草的简介

艾草是菊科蒿属植物,多年生草本或略成半灌木状,植株有浓烈香气。茎单生或少数,褐色或灰黄褐色,基部稍木质化,上部草质,并有少数短的分枝,叶厚纸质,上面被灰白色短柔毛,基部通常无假托叶或极小的假托叶;上部叶与苞片叶羽状半裂,头状花序椭圆形,花冠管状或高脚杯状,外面有腺点,花药狭线形,花柱与花冠近等长或略长于花冠。瘦果长卵形或长圆形。花果期7—10 月,分布于亚洲及欧洲地区,原产于中国、蒙古、俄罗斯和朝鲜,中亚、西亚多国和日本均有栽培。

❹ 艾草的功效

艾草与中国人的生活有着密切的关系,每至端午节之际,人们总是将艾置于家中以"避邪",干枯后的株体泡水熏蒸可消毒止痒,产妇多用艾水洗澡或熏蒸。

《本草纲目》除记载有"白蒿"及"白艾"外,还记载有"蕲艾"(产于蕲州,今湖北省蕲春县蕲州镇),可入药,系艾的栽培品种,与原种(野生种)的区别在于:栽培品种植株高大,高 150~250 cm,香气浓烈;叶厚纸质,被毛密而厚,中部叶羽状浅裂,上部叶通常不分裂,椭圆形或长椭圆形,最长可达 8 cm,宽 1.5 cm,叶揉之常成棉絮状;入药,性温,味苦、辛、微甘。

全草入药,有温经、去湿、散寒、止血、消炎、平喘、止咳、安胎、抗过敏等作用。历代医籍记载其为"止血要药",是妇科常用药之一,治虚寒性的妇科疾病尤佳,又治老年慢性支气管炎与哮喘,煮水洗浴时可防治产褥期母婴感染疾病,或制药枕头、药背心,防治老年慢性支气管炎或哮喘及虚寒胃痛等。艾叶晒干捣碎得"艾绒",制艾条供艾灸用,又可作印泥的原料。此外全草可作杀虫的农药或熏烟给房间消毒。

《本草纲目》记载,艾以叶入药,性温,味苦,无毒,纯阳之性,通十二经,具回阳、理气血、逐湿寒、止血安胎等功效,亦常用于针灸,故又被称为医草。

❺ 糯米粉的功效

糯米粉又名糯米面。水磨糯米粉以柔软、韧滑、香糯而著称,可以制作汤团、元宵之类食品和家庭小吃,含有维生素 B_1、维生素 B_2、蛋白质、脂肪、钙、磷、铁、烟酸及淀粉等,营养丰富,为温补强壮食品。

糯米粉有补虚、补血、健脾暖胃、止汗等作用,适用于脾胃虚寒所致的反胃、食欲减少、泄泻和气虚引起的汗虚、气短无力、妊娠腹坠胀等症。糯米有收涩作用,对尿频、自汗有较好的食疗效果。

❻ 奶酪的功效

奶酪是牛奶经浓缩、发酵而成的奶制品,它基本上排出了牛奶中大量的水分,保留了其中营养价值极高的精华部分,被誉为乳品中的"黄金"。每 1 kg 奶酪制品浓缩了约 10 kg 牛奶的蛋白质、钙和磷等,独特的发酵工艺使其营养的吸收率达到了 96%～98%。

奶制品是食物补钙的最佳选择,奶酪正是含钙最多的奶制品,而且这些钙很容易被吸收。

奶酪能增强人体抵抗疾病的能力,促进代谢,增强活力,保护眼睛。

奶酪中的乳酸菌及其代谢产物对人体有一定的保健作用,有利于维持人体肠道内正常菌群的稳定和平衡,防治便秘和腹泻。

奶酪中的脂肪较多,但是其胆固醇含量却比较低,对心血管健康也有有利的一面。

有观点认为,人们在吃饭时吃一些奶酪,有助于防止龋齿。吃含有奶酪的食物能大大增加牙齿表层的含钙量,从而起到抑制龋齿发生的作用。

奶酪味甘、酸,性平,具有补肺、润肠、养阴、止渴的功效。

三、成品标准

奶酪青团成品色泽碧绿,口感软糯,造型美观,馅料香甜,奶酪香味浓郁。

四、制作准备

❶ 设备与工具

(1)设备:操作台、案板、炉灶、蒸锅、电子秤等。

(2)工具:不锈钢面盆、手勺、片刀、餐盘等。

❷ 原料与用量

(1)皮料:糯米粉 500 g、熟澄面 150 g、猪油 75 g、白糖 100 g、水 380 g、抹茶粉 8 g。

(2)馅料:酸奶奶酪 120 g。

Note

五、制作过程

1. 糯米粉中加熟澄面。

2. 加入白糖、猪油。

3. 加入抹茶粉。

4. 将原料搅拌均匀。

5. 将猪油、抹茶粉揉搓均匀。

6. 将面团进行饧发。

7. 将面团揉成球。

8. 将酸奶奶酪搓成球。

9. 将面团包入奶酪馅揉圆，上笼屉蒸熟。

10. 点缀装盘即可。

参考答案

六、任务检测

（1）青团是在_____节吃的一道传统点心，用_____的汁拌进糯米粉里，再包裹_____或者_____馅，不甜不腻，带有清淡却悠长的清香。

（2）清明节，又称_____节、_____节、_____节、_____节等，节期在_____与_____之交。清明节源自上古时代的祖先信仰与春祭礼俗，是中华民族最隆重盛大的祭祖大节。

（3）每1 kg奶酪制品浓缩_____kg牛奶的蛋白质、钙和磷等，独特的发酵工艺，使其营养的吸收率达到了_____%～_____%。

七、评价标准

评价内容	评价标准	满分	得分
成形手法	奶酪青团的揉、搓、压、揪、包、镶嵌等手法正确	10	
成品标准	奶酪青团成品色泽碧绿，口感软糯，造型美观，馅料香甜，奶酪香味浓郁	10	
装盘	成品与盛装器皿搭配协调，造型美观	10	
卫生	工作完成后，工位干净整齐，工具清洗干净并摆放入位	10	
合计		40	

八、拓展任务

Note

雪媚娘的制作

（1）原料。

①皮料：糯米粉 150 g、白糖 50 g、玉米淀粉 30 g、温牛奶 170 mL、黄油 30 g。

②馅料：糯米粉 150 g、淡奶油 200 g、白糖 40 g、火龙果 100 g。

（2）制作方法。

①把糯米粉倒在大碗里，加入白糖、玉米淀粉，搅拌均匀，再倒入温牛奶，一边倒一边用筷子搅拌，搅成稀一点的面糊。

②把搅拌好的面糊倒入容器里，盖上保鲜膜，放在蒸锅里大火蒸 20 min，取出，趁热放入黄油，搅拌均匀，用手揉成光滑的面团，放凉备用。

③平底锅加热，不用放油，把糯米粉倒在锅里，翻炒至稍微发黄，盛出放凉备用。

④大碗里准备淡奶油，加入白糖，用电动打蛋器打发，打发至提起打蛋器有弯钩即可。

⑤火龙果去皮切成小块，放在盘子里备用。

⑥把炒好的糯米粉放在面板上，把放凉的面团放在面板上揉一揉，整理成长条，切成大小一样的剂子，把剂子整理成圆形，用擀面杖擀成薄饼。

⑦取一个擀好的面皮，用勺子舀一勺打发好的淡奶油，放在中间，再取一块火龙果放在淡奶油上面（不喜欢吃火龙果也可以换成别的水果），然后再舀一勺淡奶油放在火龙果上，把面皮像包包子一样收口捏紧，收口处放一点干面粉，收口朝下，整理成圆形。

⑧依次做好全部，摆放在盘子里就可以食用了。

任务三　柿饼豌豆黄

一、任务描述

内容描述

柿饼豌豆黄是以豌豆、柿饼为主要原料的典型杂粮品种,特点是口感绵软,口味香甜,柿饼香味浓郁,在面点厨房中,利用栀子水、豌豆、木糖醇、琼脂、柿饼等原料,采用揉、搓、擦、镶嵌等手法,放入不粘锅熬制而成。

学习目标

(1) 了解柿饼豌豆黄的相关知识。

(2) 能够利用柿饼豌豆黄的原料比例,调制特殊的杂粮面团。

(3) 能够按照制作流程,在规定时间内完成柿饼豌豆黄的制作。

(4) 培养学生良好的卫生习惯,并遵守行业规范。

二、相关知识

❶ 豌豆黄的典故传说

豌豆黄是北京传统小吃,也是北京春季的一种应时佳品。制作时通常需将豌豆磨碎、去皮、洗净、煮烂、糖炒、凝结、切块。成品外观呈浅黄色,味道香甜,清凉爽口。豌豆具有抗菌消炎的功效,还含有丰富的赖氨酸,可以刺激胃蛋白酶与胃酸的分泌,起到增进食欲的作用。中医认为,豌豆有利小便,和中下气,解疮毒等功效。据说,一天慈禧正坐在北海静心斋歇凉,忽听大街上传来敲打铜锣和吆喝的声音,心里纳闷,忙问是干什么的,当值太监回禀是卖豌豆黄、芸豆卷的。慈禧一时高兴,传令将此人叫进园来。来人见了慈禧急忙跪下,并双手捧着芸豆卷、豌豆黄,敬请老佛爷品尝。慈禧尝罢,赞不绝口,并把此人留在宫中,专门为她做豌豆黄和芸豆卷。

② 豌豆的介绍

豌豆,豆科一年生攀援草本,全株绿色,光滑无毛,被粉霜。叶具小叶 4～6 片,托叶心形,下缘具细齿。荚果肿胀,长椭圆形;种子圆形,青绿色,干后变为黄色。花期 6—7 月,果期 7—9 月。豌豆原产于亚洲西部、地中海地区,是世界重要的栽培作物之一。种子及嫩荚、嫩苗均可食用;种子含淀粉、油脂,可作药用,有强壮、利尿、止泻之效;茎叶能清凉解暑,并作绿肥、饲料或燃料。

③ 栀子的介绍

栀子在山东、河南、江苏、安徽、浙江、江西、福建、台湾、湖北、湖南、广东、香港、广西、海南、四川、贵州、云南、河北、陕西和甘肃等地均有栽培,其中河南省唐河县的栀子获得"国家原产地地理标志认证",为全国较大的栀子生产基地,有"中国栀子之乡"的美誉。

④ 琼脂的介绍

琼脂,学名琼胶,又名洋菜、海东菜、冻粉、琼胶、石花胶、燕菜精、洋粉、寒天、大菜丝,是植物胶的一种,常用海产的麒麟菜、石花菜、江蓠等制成,为无色、无固定形状的固体,溶于热水。在食品工业中应用广泛,亦常用作细菌培养基。琼脂是由海藻中提取的多糖,是世界上用途广泛的海藻胶。它在食品工业、医药工业、日用化工、生物工程等许多方面有着广泛的应用,琼脂用于食品中能明显改变食品的品质,特点是具有凝固性、稳定性等物理化学性质,能与一些物质形成络合物,可用作增稠剂、凝固剂、悬浮剂、乳化剂、保鲜剂和稳定剂,广泛用于制造饮料、果冻、冰淇淋、糕点、软糖、罐头、肉制品、八宝粥、银耳燕窝、羹类食品、凉拌食品等。

⑤ 柿饼的介绍

因柿饼含有较多的鞣酸及果胶,在空腹情况下食用会在胃酸的作用下形成大小不等的硬块,如果这些硬块不能通过幽门到达小肠,就会滞留在胃中形成胃柿石。小的胃柿石最初如杏子核,但会愈积愈大。如果胃柿石无法自然被排出,那么就会造成消化道梗阻,出现上腹部剧烈疼痛、呕吐,甚至出现呕血等症状。

柿饼中的鞣酸能与食物中的钙、锌、镁、铁等矿物质元素形成不能被人体吸收的化合物,使这些营养素不能被利用,故而多吃柿饼容易导致这些矿物质元素缺乏。柿饼含糖较多,所以人们吃柿饼比吃同样数量的苹果、生梨更有饱腹感,从而影响食欲,并减少正餐的摄入。柿饼含糖高,且含果胶,吃后总有一部分留在口腔里,特别是在牙缝中,加上弱酸性的鞣酸,易对牙齿造成侵蚀,形成龋齿,故而宜在吃后喝几口水,或及时漱口。

三、成品标准

柿饼豌豆黄成品色泽浅黄,细腻,绵软,入口即化,味道香甜,柿饼软糯,清凉爽口。

四、制作准备

❶ 设备与工具

(1) 设备:操作台、案板、炉灶、不粘锅、电子秤等。

(2) 工具:不锈钢面盆、手勺、片刀、餐盘、细箩等。

❷ 原料与用量

栀子水 1300 g、豌豆 500 g、木糖醇 240 g、琼脂 25 g、柿子饼 200 g 等。

五、制作过程

柿饼豌豆黄
成形过程

京派创意面点

1. 将琼脂泡软待用。

2. 将泡好的豌豆蒸烂。

3. 将蒸烂的豌豆过细箩。

4. 将豌豆浆放入锅中加热。

5. 锅中加入琼脂液。

6. 将柿饼切成条。

7. 将豌豆浆倒入模具中。

8. 将柿饼条码放整齐。

9. 用豌豆浆盖住柿饼条。

10. 放入冰箱冷藏至凝固成形。

11. 将凝固成形的豌豆黄改刀。

12. 将柿饼豌豆黄装盘点缀。

六、营养成分分析

每 100 g 柿饼的营养成分：热量 1376 kcal,蛋白质 21.8 g,脂肪 20.2 g,碳水化合物262.8 g,膳食纤维 22.6 g,维生素 A 48 μg,胡萝卜素 2290 μg,维生素 B_2 20.01 mg,维生素 B_3 20.5 mg,维生素 E 20.63 mg,钙 254 mg,磷 255 mg,钾 2339 mg,钠 26.4 mg,镁 221 mg,铁 22.7 mg,锌 20.23 mg,硒 20.83 μg,铜 20.14 mg,锰 20.31 mg。

七、任务检测

(1)豌豆黄,是北京传统小吃,也是北京春季的一种应时佳品。制作时通常需将豌豆_____、_____、_____、_____、_____、_____、切块。

(2)_____省唐河县的栀子获得"国家原产地地理标志认证",为全国较大的栀子生产基地,有"_____"的美誉。

(3)柿饼含_____高,且含果胶,吃后总有一部分留在口腔里,特别是在牙缝中,加上

参考答案

Note

_____性的_____酸,易对牙齿造成侵蚀,形成龋齿,故而宜在吃后喝几口水,或及时漱口。

（4）中医认为豌豆具有利_____,和中_____,解_____等功效。

八、评价标准

评价内容	评价标准	满分	得分
成形手法	柿饼豌豆黄的揉、搓、擦、镶嵌等手法正确	10	
成品标准	柿饼豌豆黄成品色泽浅黄,细腻,绵软,入口即化,味道香甜,柿饼软糯,清凉爽口	10	
装盘	成品与盛装器皿搭配协调,造型美观	10	
卫生	工作完成后,工位干净整齐,工具清洗干净并摆放入位	10	
合计		40	

九、拓展任务

【芸豆卷的制作】

（1）原料:白芸豆 500 g、豆沙 250 g、碱面 5 g。

（2）制作过程。

①白芸豆破碎去皮,放在盆里,用沸水泡一夜,把未磨掉的豆皮泡出来。

②将白芸豆碎瓣放入沸水锅里煮，加少许碱面，煮熟后用漏勺捞出，用布包好，上屉蒸20 min，取出过箩，将瓣擦成泥，泥通过箩而形成小细丝。

③将白芸豆细丝晾凉后，倒在湿布上，隔着布揉和成泥。

④取湿白布平铺在案板边上，将白芸豆泥搓成粗条，放湿布中间，用刀面切成长方形薄片，然后抹上一层豆沙，顺着湿白布从长的边缘两面卷起，各一半后，合并为一个圆柱形，用双手隔着布轻轻捏一捏，压一压，最后将布拉起，使卷慢慢地滚在案板上。

⑤切去两端不齐的边，再切成长段，芸豆卷即成。

任务四 双色绿豆糕

扫码看课件

一、任务描述

内容描述

双色绿豆糕是以绿豆为主要原料的典型杂粮品种。双色绿豆糕的特点是口感绵软、口味香甜,绿豆和玫瑰花香味浓郁。在面点厨房中,利用绿豆沙、玫瑰花馅、抹茶粉调制成杂粮馅料,采用揉、搓、擦、镶嵌等手法,再将其放入模具中压制成形。

学习目标

(1) 了解双色绿豆糕的相关知识。

(2) 能够根据双色绿豆糕的原料比例,调制特殊的杂粮面团。

(3) 能够按照制作流程,在规定时间内完成双色绿豆糕的制作。

(4) 培养学生良好的卫生习惯,并遵守行业规范。

二、相关知识

❶ 绿豆糕的简介

绿豆糕是传统特色糕点之一,属消暑小食。相传中国古代百姓为寻求平安健康,端午节时会食用粽子、雄黄酒、绿豆糕、咸鸭蛋等。按口味有南、北之分,北即为京式,制作时不加任何油脂,入口虽松软,但无油润感;南包括苏式和扬式,制作时需添加油脂,口感松软、细腻。绿豆糕主要原料是煮熟的绿豆粉,蒸熟的山芋粉(或小麦粉,豌豆粉),色拉油(或芝麻油),熟猪油,绵白糖,玫瑰花,黑枣肉,桂花糖等。绿豆糕有清热解毒、祛暑止渴、利水消肿、明目退翳等功效,具有形状规范整齐,色泽浅黄,组织细润紧密,口味清香,绵软不黏牙的特点。

❷ 绿豆的简介

绿豆是豆科植物绿豆的种子,在中国已有两千余年的栽培史,原产地在印度、缅甸等地,现在东亚各国普遍种植,非洲、欧洲、美国也有少量种植,中国、缅甸等国是绿豆的主要出口国,种子和茎被广泛食用。绿豆清热之功在皮,解毒之功在肉。绿豆汤是家庭常备夏季清暑饮料,清暑开胃,老少皆宜。传统绿豆制品有绿豆糕、绿豆酒、绿豆饼、绿豆沙、绿豆粉皮等。

❸ 玫瑰的简介

玫瑰是蔷薇目蔷薇科蔷薇属多种植物和培育花卉的通称,直立、蔓延或攀援灌木,多数有皮刺、针刺或刺毛,稀无刺,有毛或无毛,花托球形、坛形至杯形,开展,覆瓦状排列,白色、黄色、粉红色至红色和各种复色。枝条较为柔弱,软垂且多密刺,每年花期只有 1 次。

玫瑰是花卉中非常著名和受欢迎的一类,一直备受推崇。历史证据表明,它们大约 5000 年前就在中国生长,始终是爱、美与和平等的象征。

玫瑰作为经济作物时,其花朵主要用于食品及提炼玫瑰精油,玫瑰精油应用于化妆品、食品、精细化工等工业。

❹ 玫瑰的功效

明代卢和在《食物本草》中记载,"玫瑰花食之芳香甘美,令人神爽"。

玫瑰花可用来制作各种茶点,如玫瑰糖、玫瑰糕、玫瑰茶、玫瑰酱菜、玫瑰膏等。玫瑰花在欧洲一些地区可直接食用,玫瑰根茎可煮来吃,玫瑰根可用来酿酒。

新鲜玫瑰花中含有大量的维生素 A、C,B 族维生素,其中维生素 C 的含量最丰富,每 100 g 内超过 2000 mg,有"维生素 C 之王"之称。还含有十多种氨基酸,生物碱,蛋白质,脂肪,碳水化合物,及钙、磷、钾、铁、镁等多种矿物质,其中蛋白质含量 8.5%,脂肪含量 4.7%,可溶性糖含量 1.2%,碳水化合物含量 68%。从蒸馏玫瑰精油后的残渣中提取玫瑰红色素,用于食品着色。玫瑰花渣中葡萄糖含量 18.33%~23.66%,淀粉含量 21.75%~22.63%,且含有丰富的氨基酸,其氨基酸总量高达 10.9%。用红玫瑰花提取制作酸性食品的红色色素时,其营养成分未被破坏。另外,可利用玫瑰花渣生产酱油。

三、成品标准

双色绿豆糕成品色彩黄绿相间,香甜可口,玫瑰、豆香浓郁,抹茶味清新淡雅,入口即化。

Note

四、制作准备

❶ 设备与工具

（1）设备：操作台、案板、炉灶、不粘锅、电子秤等。

（2）工具：不锈钢面盆、长筷子、手勺、餐盘、细箩等。

❷ 原料与用量

绿豆沙 200 g、玫瑰花馅 20 g、抹茶粉 5 g 等。

五、制作过程

双色绿豆糕
玫瑰绿豆糕
成形

双色绿豆糕
抹茶绿豆糕
成形

1. 一半预制好的绿豆沙中加入玫瑰花馅拌均匀。

2. 另一半绿豆沙中加入抹茶粉。

3. 将抹茶粉与绿豆沙充分融合。

4. 将玫瑰绿豆沙放入模具中扣出来。🖥

5. 将抹茶绿豆沙放入模具中扣出来。🖥

6. 点缀装盘即可。

六、营养成分分析

　　每 100 g 双色绿豆糕的营养成分：热量 1376 kcal，蛋白质 21.6 g，脂肪 0.8 g，碳水化合物 62.0 g，饱和脂肪酸 0.2 g，单不饱和脂肪酸 0.1 g，多不饱和脂肪酸 0.3 g，膳食纤维 6.4 g，维生素 A 22 μg，维生素 E 10.95 mg，钙 81 mg，磷 337 mg，钾 787 mg，镁 125 mg，铁 6.5 mg，锌 2.18 mg，硒 4.3 μg，铜 1.08 mg，锰 1.11 mg。

Note

七、任务检测

（1）绿豆糕是传统特色糕点之一，属 _____ 小食。相传中国古代百姓为寻求 _____，端午节时会食用粽子、_____、绿豆糕、咸鸭蛋等。

（2）绿豆糕主要原料是煮熟的 _____，蒸熟的 _____粉（或小麦粉、豌豆粉），色拉油（或芝麻油），熟猪油，绵白糖，玫瑰花，黑枣肉，桂花糖等。绿豆糕有 _____、_____、_____、明目退翳等功效。

（3）新鲜玫瑰花中含有大量的维生素 A、C，B 族维生素，其中维生素 C 的含量最丰富，每 100 g 内超过 2000 mg，有"_____ 之王"之称，还含有十多种氨基酸、_____ 碱等。

八、评价标准

评价内容	评价标准	满分	得分
成形手法	双色绿豆糕的揉、搓、擦、镶嵌等手法正确	10	
成品标准	双色绿豆糕成品色彩黄绿相间，香甜可口，玫瑰、豆香浓郁，抹茶味清新淡雅，入口即化	10	
装盘	成品与盛装器皿搭配协调，造型美观	10	
卫生	工作完成后，工位干净整齐，工具清洗干净并摆放入位	10	
合计		40	

九、拓展任务

京式绿豆糕的制作

（1）原料：绿豆粉 650 g、绵白糖（或白糖粉）550 g、桂花糖 15 g、清水 200 g 等。

（2）制作方法。

①拌粉：将绵白糖放入和面机，加入用少许水稀释的桂花糖，搅拌；再投入绿豆粉，搅拌均匀，倒出过 80 目筛，即成糕粉（以能捏成团为准）。

②成形：在蒸屉上铺好纸，将糕粉平铺在蒸屉里，用平板轻轻地推平表面，约 1 cm 厚；再筛上一层糕粉，然用一张比蒸屉略大一点的光纸盖好糕粉，用糕镜（即铜镜）压光；取下光纸，轻轻扫去屉框边上的浮粉，用刀切成 4 cm×4 cm 的正方块。

③蒸制：将装好糕粉的蒸屉四角垫起，依次叠起，放入特制的蒸锅内封严；把水烧开（不宜过开，以免糕粉变红），蒸 15 min 后取出，在每小块绿豆糕顶面中间，用适当稀释溶化的食用红色素

Note

液上一点色;然后将每屉分别平扣在操作台上,冷却后即成。

苏式绿豆糕的制作

(1)原料。

①豆沙绿豆糕:绿豆粉 800 g、绵白糖 800 g、麻油 550 g、面粉 100 g、红豆沙 300 g。

②清水绿豆糕:绿豆粉 900 g、绵白糖 850 g、麻油 500 g、面粉 100 g。

(2)制作方法。

①拌粉:将绿豆粉、面粉置于案板上,把绵白糖放入中间并加入一半麻油搅匀,再加入面粉,搓揉均匀,即成糕粉。

②制坯:预备花形或正方形木质模具供制坯用。清水绿豆糕制坯简单,只需将糕粉过 80 目筛后填入模具内(模壁要涂一层麻油),按平压实,倒扣敲出,放在铁皮盘上,即成糕坯;豆沙绿豆糕制坯是在糕粉放入模具中小一半时放入馅料——红豆沙,再用糕粉盖满压实,刮平即成。

③蒸糕:制成的糕坯连同铁皮盘放在多层的木架上,然后将糕坯连同木架入笼隔水蒸 10～15 min,待糕边缘发松且不黏手即成。若蒸制过久,会使糕坯松散。

④成品:蒸熟冷却后在糕面刷一层麻油即成。

任务五　老北京铜锣烧

扫码看课件

一、任务描述

内容描述

　　老北京铜锣烧是以低筋面粉、糯米粉等为主要原料的典型杂粮品种。老北京铜锣烧的特点是口感绵软，口味香甜，黄油与奶香味浓郁。在面点厨房中，利用牛奶、鸡蛋、色拉油、白糖、盐、泡打粉、蜂蜜、低筋面粉调制成面糊，采用搅、拌、夹等手法，用电饼铛摊制而成。

学习目标

　　（1）了解老北京铜锣烧的相关知识。

　　（2）能够利用老北京铜锣烧的原料比例，调制特殊的杂粮面团。

　　（3）能够按照制作流程，在规定时间内完成老北京铜锣烧的制作。

　　（4）培养学生良好的卫生习惯，并遵守行业规范。

二、相关知识

❶ 铜锣烧的介绍

　　铜锣烧，又叫黄金饼，是用两片圆盘状、类似蜂蜜蛋糕的饼皮包裹红豆沙馅，因为形状类似两个合在一起的铜锣而得名，是由烤制面皮内置红豆沙等夹心的甜点。铜锣烧饼皮散发浓郁的蜂蜜香气，口感松软，细腻的饼皮与香滑的内馅交融出绝妙的好滋味。

❷ 老北京铜锣烧的馅料

　　老北京铜锣烧红豆沙馅的制作是最讲究的工夫，从生豆泡水的时间、煮豆火候的掌控，到最后加糖，都要留心才行。红豆沙馅细致，香甜可口，绵蜜不腻，非常受人们的喜爱。除此之外，还有酸酸甜甜的草莓酱馅料，沁入嘴里的草莓滋味，带给人们无尽的回味，以及果肉细腻的蓝莓酱

Note

馅料,具有消除眼睛疲劳等功效,淡淡蜂蜜香的饼皮,包裹着富含维生素 C 的果酱,非常美味。

❸ 日式铜锣烧的介绍

铜锣烧是由两片饼皮中间夹裹着红豆沙馅组成,因为两片饼皮像铜锣而得名,乍一看平平无奇,却是日本街头常见的小吃,很多去日本旅游的人都会尝一尝当地的铜锣烧,松软的饼皮和香甜的豆沙交织在一起,萦绕在齿间,值得回味一整天。

很多人知道并且爱上吃铜锣烧,大概源于哆啦 A 梦,因为铜锣烧是哆啦 A 梦最爱的糕点。大概很多人小时候看到"蓝胖子"吃铜锣烧就垂涎三尺,铜锣烧也成了童年印象中最美的食物。铜锣烧最传统的口味是红豆味,曾有一部电影《恋恋铜锣烧》,里面讲述了铜锣烧中红豆沙馅的制作,从泡豆子、煮豆子到最后制作出红豆沙馅,一共经历 7 个步骤,并且每一步都非常耗时,才制作出了美味的红豆沙馅,生意因此红红火火。

三、成品标准

老北京铜锣烧成品色泽金黄,口感香甜,饼皮口感绵软,形似铜锣,馅料弹牙。

四、制作准备

❶ 设备与工具

(1)设备:操作台、案板、炉灶、电饼铛、电子秤等。

(2)工具:不锈钢面盆、长筷子、手勺、餐盘、细箩等。

❷ 原料与用量

(1)饼皮:牛奶 40 g、鸡蛋 2 个、色拉油 10 g、白糖 25 g、盐 2 g、泡打粉 2 g、蜂蜜 12 g、低筋面粉 100 g。

(2)馅料:红豆沙馅 100 g、麻薯馅 100 g 等。

五、制作过程

1. 低筋面粉中加入鸡蛋、牛奶、色拉油、白糖、
   盐、泡打粉和蜂蜜。
2. 混合搅拌均匀成糊状。
3. 将制好的糊过细箩。
4. 将电饼铛通电,将糊均匀地挤在电饼铛上
   加热。
5. 保证挤出的面饼大小均匀一致。
6. 将另一面烙熟。
7. 将铜锣烧一面抹上红豆沙馅。
8. 放上麻薯馅。
9. 将另一半铜锣烧粘上即可。
10. 装盘点缀。

六、营养成分分析

每 100 g 老北京铜锣烧的营养成分:热量 284 kcal,蛋白质 6.2 g,碳水化合物 58.9 g,脂肪 2.6 g,饱和脂肪酸 0.7 g,单不饱和脂肪酸 0.8 g,多不饱和脂肪酸 0.6 g,胆固醇 80 mg,膳食纤维 3.5 g(可溶性膳食纤维 0.4 g,不溶性膳食纤维 3.1 g),烟酸 0.10 mg,叶酸 16 μg,泛酸 0.50 mg,灰分 0.8 g,水分 32 g。

七、任务检测

(1) 铜锣烧,又叫_____饼。

(2) 铜锣烧饼皮的原料与用量:牛奶_____ g、鸡蛋_____个、色拉油 10 g、白糖 25 g、盐 2 g、泡打粉_____ g、蜂蜜 12 g、低筋面粉_____ g。

(3) 铜锣烧是一种_____糕点,两片饼皮中间夹裹着_____馅,因为两片饼皮像铜锣而得名,乍一看平平无奇,却是日本街头常见的小吃,很多去日本旅游的人都会尝一尝当地的铜锣烧。

参考答案

八、评价标准

评价内容	评价标准	满分	得分
成形手法	老北京铜锣烧的搅、拌、夹等手法正确	10	
成品标准	老北京铜锣烧成品色泽金黄,口感香甜,饼皮口感绵软,形似铜锣,馅料弹牙	10	
装盘	成品与盛装器皿搭配协调,造型美观	10	
卫生	工作完成后,工位干净整齐,工具清洗干净并摆放入位	10	
合计		40	

九、拓展任务

▌日式铜锣烧▐

做法一

(1) 原料。

①主料:低筋面粉 100 g、鸡蛋 2 个。

②辅料:牛奶 100 g、泡打粉 8 g、细砂糖 50 g、红豆沙 150 g、蜂蜜 20 g、玉米油 20 g。

Note

（2）制作方法。

将鸡蛋的蛋黄与蛋清分开，装蛋清的盆一定要无水无油。蛋黄中加入蜂蜜，用打蛋器搅拌均匀。再加入玉米油和牛奶，继续搅拌均匀。筛入泡打粉和低筋面粉，用刮刀搅拌均匀至无干粉，之后静置 10 min 左右。分离出的蛋清先用打蛋器低速打至粗泡状态，再加入细砂糖 20 g，继续用打蛋器搅打至蛋清变细腻。此时再加 20 g 细砂糖，继续搅打，当看到蛋清越来越细腻时，再加 10 g 细砂糖，将蛋清打发到能拉出坚挺小尖角的状态。先将 1/3 的蛋清糊倒入蛋黄糊中，用刮刀搅拌均匀，再将剩余的蛋清糊全部倒进去，用刮刀上下翻拌均匀。电饼铛先小火预热，然后舀一小勺面糊，摊成直径 8 cm 左右的圆形。等到面糊表面开始出现小洞时，及时翻面。等 1～2 min，待反面也变金黄色时立刻将饼皮取出。等稍微晾凉，再抹上红豆沙作为馅，盖上另一片饼皮即成。

（3）烹饪技巧。

①煎饼皮的时候不需要放油。

②在操作时，记得面糊一定不要摊得太厚，如果实在厚了，那就在小洞出现前翻面，以免糊底。

做法二

（1）原料：鸡蛋 2 个、细砂糖 40 g、蜂蜜 10 g、低筋面粉 90 g、牛奶 30 g、色拉油 10 g、泡打粉 3 g、红豆沙 75 g。

（2）制作方法：称好所需食材，鸡蛋加细砂糖用打蛋器打发，再依次加入蜂蜜、牛奶、色拉油搅拌均匀。打发好后加入过筛的低筋面粉和泡打粉拌匀成面糊，静置 10 min。煎锅烧热，放一勺面糊煎至金黄，然后翻面煎一会（温度不可过高）。全部煎好后取一片涂上适量的红豆沙，再用另一片合上即可。

（3）烹饪技巧：根据面糊的稀薄程度可以适量调整牛奶的用量，面糊较厚则做出的饼稍厚，反之，则做出的饼稍薄。

任务六　黄米面炸糕

扫码看课件

一、任务描述

内容描述

黄米面炸糕是以黄米、酵母粉、小苏打、泡打粉等为原料的典型杂粮品种。黄米面炸糕成品色泽金黄,外皮焦脆,黏软耐嚼,馅料细腻甜润。在面点厨房中,利用黄米（粉）、酵母粉、小苏打、泡打粉、色拉油、白糖、温水、面粉制成特殊面皮后蒸熟,配以奶黄馅,采用搅、拌、揉、搓、揪、包等手法制成黄米面炸糕,用炸锅炸制而成。

学习目标

（1）了解黄米面炸糕的相关知识。

（2）能够利用黄米面炸糕原料比例,调制特殊的杂粮面团。

（3）能够按照制作流程,在规定时间内完成黄米面炸糕的制作。

（4）培养学生良好的卫生习惯,并遵守行业规范。

二、相关知识

❶ 黄米的介绍

黄米又称黍、糜子、夏小米、黄小米,有糯性和无糯性之别,糯性者多酿酒,无糯性者以食用为主。黄米原产于北方,是古代黄河流域重要的粮食作物之一,它是糜子或黍子去皮后的制品。因其颜色发黄,因此统称为黄米。糜子、黍在植株形态上区别较小,由糜子加工成的米没有糯

性,陕北老百姓称其为"黄米"或"糜米";由黍加工成的米有糯性,陕北老百姓称其为"软米"。蒙古族人喜欢食用的炒米由糜米制作而成,东北人喜欢吃的年糕由软米制作而成。

❷ 奶黄馅的介绍

奶黄馅是美食奶黄包的内馅,制作原料主要有鸡蛋、黄油、奶粉。奶黄馅的制作简单易学,操作方便,口感舒适。

下面介绍奶黄馅的制作方法。准备好原料:鸡蛋1个、黄油50 g、奶粉30 g、澄面20 g、低筋面粉40 g、白糖50 g、淡奶油30 g、吉士粉15 g。

制作过程:黄油室温放软后打发,加入鸡蛋、白糖、奶粉、吉士粉拌匀,再加入适量淡奶油拌匀成稀糊状;低筋面粉过筛后加入;拌匀上笼蒸30 min左右,中间每隔10 min拿出来搅拌一次,放凉后就可以用了。

三、成品标准

黄米面炸糕成品色泽金黄,外皮焦脆,黏软耐嚼,馅料细腻甜润。

四、制作准备

❶ 设备与工具

(1)设备:操作台、案板、炉灶、蒸锅、炸锅、电子秤等。

(2)工具:不锈钢面盆、长筷子、手勺、片刀、擀面杖、餐盘等。

❷ 原料与用量

(1)皮料:黄米面500 g、酵母粉2 g、小苏打1 g、泡打粉1 g、色拉油30 g、白糖50 g、温水500 g、面粉50 g。

(2)馅料:奶黄馅350 g。

五、制作过程

1. 准备黄米面炸糕原料;部分原料见图。

2. 将温水加入黄米面中,搅拌均匀。

3. 将黄米面搅拌成絮状。

4. 将黄米面入蒸箱蒸 15 min。

5. 将蒸好的面团晾至不烫手时加入酵母粉、小苏
   打、泡打粉揉均匀,最后加入色拉油。

6. 将奶黄馅分成 35 g 一个的剂子。

7. 将面团分成 50 g 一个的剂子。

8. 将面皮擀成边缘薄、中间略厚。

9. 将奶黄馅揉成椭圆形放在面皮上。

10. 面皮收口捏紧。

11. 将生坯全部包好。

12. 将生坯下入油锅,炸至鼓起呈金黄色。

黄米面炸糕

成形手法

Note

13. 将炸好的黄米面炸糕
    装盘点缀。

14. 黄米面炸糕制作完成。

六、营养成分分析

（1）黄米营养成分分析：黄米富含蛋白质、碳水化合物、B 族维生素、维生素 E 及锌、铜、锰等矿物质元素，具有益阴、利肺、利大肠之功效。黄米一般人群均可食，适合体弱多病、面生疔疮者食用，也适合阳盛阴虚、夜不得眠、久泄胃弱者食用，可治疗冻疮、疥疮、毒热、毒肿；身体燥热者禁食。

（2）奶黄馅营养成分分析：奶黄馅含有牛奶，可以镇静安神，特别适合心烦气躁和失眠人士食用。奶黄馅富含钙和维生素 D，对人体生长发育很有益处；富含乳清，能消除面部皱纹，达到美容养颜的功效。

七、任务检测

（1）黄米又称_____、糜子、夏小米、黄小米，有_____性和_____性之别，糯性者多酿酒，无糯性者以食用为主。黄米原产于_____，是古代_____流域重要的粮食作物之一，它是糜或黍子去皮后的制品，因其颜色发黄，因此统称为黄米。

（2）黄米_____人群均可食，适合体弱多病、面生_____者食用，也适合阳盛阴虚、夜不得眠、久泄胃弱者食用，可治疗冻疮、疥疮、毒热、毒肿；身体燥热者禁食。

（3）奶黄馅含有_____，可以_____，特别适合心烦气躁和失眠人士食用。奶黄馅富含_____和_____，对人体生长发育很有益处；富含乳清，能消除面部皱纹，达到美容养颜的功效。

参考答案

八、评价标准

评价内容	评价标准	满分	得分
成形手法	黄米面炸糕的搅、拌、揉、搓、揪、包等手法正确	10	
成品标准	黄米面炸糕成品色泽金黄，外皮焦脆，黏软耐嚼，馅料细腻甜润	10	
装盘	成品与盛装器皿搭配协调，造型美观	10	

Note

续表

评价内容	评价标准	满分	得分
卫生	工作完成后,工位干净整齐,工具清洗干净并摆放入位	10	
合计		40	

九、拓展任务

天津炸糕的制作

（1）原料:糯米粉 50 g、面粉 100 g、红糖 50 g、白糖 20 g、沸水约 150 mL、油 1 kg。

（2）制作方法:将糯米粉和面粉混合均匀,一边倒入沸水一边用筷子搅拌,直到面粉结块后改用手揉搓,揉至面团光滑后备用;将红糖和白糖混合均匀,双手抹上一层薄油,将面团取出在案板上揉匀,平均分成 4～5 cm 长的剂子,用手按扁后捏成面皮,包上糖,封口处捏拢收紧,轻轻按压成小饼状;锅中加入油烧至三成热,放入饼坯用中火慢慢炸至金黄色,炸糕浮起来即可捞出。

京天红炸糕的制作

（1）原料:糯米粉 150 g、酵母粉 15 g、小苏打 10 g、红豆沙 200 g 等。

（2）制作方法:用温水溶解酵母粉,倒入糯米粉中搅匀,再放入适量清水,将糯米粉和成团,发酵 36 h;发酵后的糯米团酸味重,放入适量小苏打,中和糯米团中的酸味,注意小苏打少量多次放,每次放都要揉匀,待酸味中和后,面团散发清香味即可;揪出一团面,揉成球后轻轻按压成薄饼,放入适量红豆沙,用面团包住红豆沙,拍成厚饼;放入热油中的笊篱上炸制,油量一定要淹没炸糕,一上一下活动笊篱,使炸糕有规律地暴露在空气中,用筷子在笊篱上翻转炸糕,直到炸成金黄色。

任务七　桂花米糕

一、任务描述

内容描述

桂花米糕是以江米粉、大米粉、熟糯米粉为主要原料的典型杂粮食品。桂花米糕的特点是口感绵软,口味香甜,桂花及米香味浓郁。在面点厨房中,利用江米粉、大米粉、熟糯米粉、陈桂花酒、白糖、桂花香精、水等调制成米粉,采用搅、拌、夹等手法,用蒸锅蒸制而成。

学习目标

(1)了解桂花米糕的相关知识。

(2)能够利用桂花米糕的原料比例,调制特殊的杂粮面团。

(3)能够按照制作流程,在规定时间内完成桂花米糕的制作。

(4)培养学生良好的卫生习惯,并遵守行业规范。

二、相关知识

❶ 桂花米糕的介绍

桂花米糕又叫重阳米糕,也叫花糕或重阳花糕,是我国传统的节日糕点;顾名思义,乃农历九月初九重阳节的节日糕点,制作方式和食用习俗因地而异。传说明代的状元康海是陕西武功人,参加八月中的乡试后,卧病长安,八月下旬放榜后,报喜的报子兼程将此喜讯送到武功,但此时康海尚未抵家。家里没人打发赏钱,报子就不肯走,一定要等到康海回来。等康海病好回家时,已经是重阳节了。这时他才打发报子,给了报子赏钱,并蒸了一锅糕给报子作为回程干粮,又多蒸了一些糕分给左邻右舍。因为这糕是用来庆祝康海高中状元的,所以后来有子弟上学的人家,也在重阳节蒸糕分发,讨一个好彩头,重阳节吃糕的习俗就这样传开来了。

❷ 大米粉的介绍

大米粉,又名粘米粉,顾名思义就是以大米为原料制成的粉状物,可以用来制作多种食品,受到很多人的喜爱。大米粉有很多的好处,其性平、味甘,有补中益气、健脾养胃、聪耳明目、益精强志、和五脏、通血脉,止烦、止渴、止泻等作用与功效,而且适合食用大米粉的人群很广,尤其适合体虚、高热之人,或久病初愈者、产后的妇女以及消化较弱者,可以煮成稀粥调养食用。但是有一点要注意,糖尿病患者不宜多食大米粉。大米粉可以暖胃,治疗胃寒症。另外,大米粉富含蛋白质、碳水化合物等,而且还富含铜,而铜是人体健康不可缺少的微量元素,对头发、皮肤和骨骼等的功能有重要影响。

❸ 糯米粉的介绍

糯米粉是用糯米浸泡一夜,水磨成浆水,用布袋装着吊一个晚上,待沥干水,把湿的糯米粉团掰碎、晾干后制成。当然,在超市也能买到现成的糯米粉。它可以用来制作汤团(即元宵)之类的食品或其他家庭小吃,以独特的风味闻名。

三、成品标准

桂花米糕成品色泽洁白,口味香甜,口感绵软,桂花及米香味浓郁。

四、制作准备

❶ 设备与工具

(1)设备:操作台、案板、炉灶、蒸锅、电子秤等。

(2)工具:不锈钢面盆、长筷子、手勺、餐盘、细箩等。

❷ 原料与用量

(1)米糕:江米粉 150 g、大米粉 100 g、熟糯米粉 25 g、陈桂花酒 10 g、白糖 25 g、桂花香精 1 g、水 120 g 等。

(2)馅料:山药泥 100 g、桂花糖 200 g、绵白糖 50 g、桂花香精 1 g、干桂花 5 g、桂花酱 20 g 等。

京派创意面点

五、制作过程

 Note

1. 白糖中加入干桂花和桂花酱。

2. 将白糖、桂花酱、干桂花混合均匀。

3. 调制好白糖桂花馅备用。

4. 锅中加水,将调制好的白糖桂花馅和山药泥
   炒至融化黏稠,放入桂花香精备用。

5. 馅料冷却后装入裱花袋。

6. 江米粉、熟糯米粉混合,加入清水打湿过细箩
   备用。

7. 笼屉中放入屉布和模具。

8. 将江米粉与熟糯米粉混合物加入模具至三分
   之一位置。

9. 用小勺整理平整。

10. 将白糖桂花馅挤在中间。

11. 再用江米粉与熟糯米粉混合物填满模
    具。🖥

12. 表面撒上干桂花上锅蒸制。

桂花米糕蒸
制成形过程

13. 将蒸制好的米糕去掉
　　模具。

14. 装盘点缀。

六、营养价值

（1）糯米粉：糯米含有蛋白质、脂肪、碳水化合物、钙、磷、铁、维生素 B_1、维生素 B_2 及烟酸等，营养丰富，为温补强壮食品，具有补虚、补血、健脾暖胃、止汗等作用，可缓解脾胃虚寒；适用于脾胃虚寒所致的反胃、食欲下降、泄泻和气虚引起的汗虚、气短无力、妊娠腹坠胀等症，也可缓解尿频症状。糯米还有收涩作用，对尿频、自汗有较好的食疗效果。

（2）大米粉：大米被誉为"五谷之首"，是中国的主要粮食作物，约占粮食作物栽培面积的四分之一。世界上有一半人口以大米为主食。古代养生家还倡导"晨起食粥"以生津液，因此，因肺阴亏虚所致的咳嗽、便秘患者可早晚服用大米粥。经常喝点大米粥有助于津液的生发，可在一定程度上缓解皮肤干燥等不适症状。煮粥时若加点梨，养生效果更好。

七、任务检测

（1）重阳米糕，也叫＿＿＿＿＿＿＿＿＿＿，是我国传统的节日糕点，顾名思义，乃农历九月初九＿＿＿＿＿＿的节日糕点。

（2）大米粉，又名＿＿＿＿＿＿粉，顾名思义就是以大米为原料制成的粉状物，可以用来制作多种食品，如＿＿＿＿＿＿糕等，受到很多人的喜爱。

（3）大米粉有很多的好处，其性平、味甘，有＿＿＿＿＿＿、＿＿＿＿＿＿、聪耳明目、＿＿＿＿＿＿，和五脏、通血脉，止烦、止渴、止泻等作用与功效。

（4）糯米含有＿＿＿＿＿＿、脂肪、＿＿＿＿＿＿、钙、磷、铁、＿＿＿＿＿＿、维生素 B_2 及＿＿＿＿＿＿等，营养丰富，为温补强壮食品。

参考答案

Note

八、评价标准

评价内容	评价标准	满分	得分
成形手法	桂花米糕的搅、拌、夹等手法正确	10	
成品标准	桂花米糕成品色泽洁白,口味香甜,口感绵软,桂花及米香味浓郁	10	
装盘	成品与盛装器皿搭配协调,造型美观	10	
卫生	工作完成后,工位干净整齐,工具清洗干净并摆放入位	10	
合计		40	

九、拓展任务

【 大米糕的制作 】

(1)原料:大米 200 g、白糖 50 g、水 180 g、酵母粉 3 g、面粉 50 g 等。

(2)制作方法。

取 200 g 大米洗干净后加水 180 g,泡 1 h,倒入 50 g 白糖,用破壁机搅打 2 min,然后把壁上的大米刮一下再打一遍(这样打出来更细腻);盆中放 3 g 酵母粉、50 g 面粉,倒入打好的米糊搅拌均匀,盖上保鲜膜放到温暖的地方饧发至 2 倍大(这一步很关键,如果着急吃可以放到温水器上,水温 40 ℃半小时就可以饧发好),饧发好的米糊搅拌一下把里面的空气排出来;模具抹油(利于脱模),放入 8 分满米糊,底部要刷油,锅里多放点水防止后面烧干,盖上锅盖再次饧发 25 min(二次饧发也很重要,如果饧发不好做出来的米糕会不够松软);开火蒸 30 min,闷 5 min。

胡萝卜糕的制作

（1）原料：小米 60 g、白糖 20 g、胡萝卜 20 g、牛奶 100 g、面粉 90 g 等。

（2）制作方法。

胡萝卜切块洗净，小米洗净，加适量冷水打成糊状，牛奶中加入适量白糖，倒入米糊中，加入面粉搅拌均匀；静置 10 min，上锅蒸 20 min 即可。

任务八 鲜虾瓦楞卷

扫码看课件

一、任务描述

内容描述

　　鲜虾瓦楞卷是以澄面、生粉为主要原料的典型杂粮食品。鲜虾瓦楞卷的特点是色彩艳丽，口味咸鲜，馅料弹牙，外皮软糯。在面点厨房中，利用澄面、生粉、沸水、盐、猪油制成特殊面皮，配以鲜虾馅料，采用搅、拌、揉、擀、卷等手法，用蒸锅蒸制成形。

学习目标

　　（1）了解鲜虾瓦楞卷的相关知识。

　　（2）能够利用鲜虾瓦楞卷原料比例，调制特殊的杂粮面团。

　　（3）能够按照制作流程，在规定时间内完成鲜虾瓦楞卷的制作。

　　（4）培养学生良好的卫生习惯，并遵守行业规范。

二、相关知识

❶ 澄面的介绍

　　澄面又称澄粉、汀粉、小麦淀粉，是一种无筋的面粉，成分为小麦，可用来制作各种点心，如虾饺、粉果、肠粉等。澄面是加工过的面粉，用水漂洗后，把面粉里的粉筋与其他物质分离出来，粉筋成为面筋，剩下的就是澄面。

　　澄面除可直接使用外，还可加工成变性淀粉、水解产品等，变性淀粉制成的食品如粉丝、粉条等可以直接食用，还可作为原料应用于方便面、火腿肠、冰淇淋等食品和可降解塑料制品中，也可作为发酵原料用于葡萄糖、氨基酸、酒精、抗生素、味精等产品的生产中，并广泛应用于造纸、纺织、食品、铸造、医药、建筑、石油钻井、选矿等领域。

❷ 澄面的功效

　　澄面因为不含蛋白质，特别适合肾功能不全患者食用，很多医院把它加入肾功能不全患者的低蛋白饮食中。澄面味甘、性凉，能养心益脾，除烦止渴，利小便，适合青少年、办公室人群等

Note

食用。

❸ 红胡萝卜的介绍

红胡萝卜生长周期 100~110 天,中早熟。10~12 片叶,叶色浓绿。肉质根长 18~20 cm,上部横径 4.5 cm,呈长圆锥形,表面光滑,歧根发生率低,根色橙红,髓部较小且颜色与外肉相似,富含胡萝卜素、糖及各种矿物质元素,营养成分含量较高,肉质细嫩,品质好。该品种生长健壮,耐热性强。

❹ 基围虾的介绍

基围虾,又称麻虾、虎虾等,分布于日本东海岸、中国东海与南海、菲律宾、马来西亚、印度尼西亚及澳大利亚,具有较高的营养价值和经济价值。

基围虾体被呈淡棕色,腹部游泳肢呈鲜红色,额角上缘 6~9 齿,下缘无齿,无中央沟。第一触角上鞭短于头胸甲长的一半。腹部从第四节起背面有纵脊,第一对步足无座节刺。

❺ 基围虾的营养价值

基围虾营养丰富,且其肉质松软,易消化,对身体虚弱以及病后需要调养的人是极好的食物。虾中含有丰富的镁,镁对心脏活动具有重要的调节作用,能很好地保护心血管系统,它可降低血液中胆固醇含量,防止动脉硬化,同时还能扩张冠状动脉,有利于预防高血压及心肌梗死。基围虾的营养价值极高,能增强人体的免疫力和性功能,补肾壮阳,抗早衰,可医治肾虚阳痿、畏寒、体倦、腰膝酸痛等病症。基围虾能通乳,如果妇女产后乳汁少或无乳汁,取鲜虾肉 500 g,研碎,配黄酒热服,每日 3 次,连服几日,可起催乳作用。基围虾虾皮有镇静作用,常用来治疗神经衰弱、自主神经功能紊乱等。基围虾是可以为大脑提供营养的美味食品。基围虾中含有 3 种重要的脂肪酸,能使人长时间保持精力集中。日本大阪大学的科学家最近发现,虾体内的虾青素有助于消除因时差反应而产生的"时差症"。

❻ 冬笋的介绍

冬笋是立冬前后由毛竹(楠竹)的地下茎侧芽发育而成的笋芽,因尚未出土,笋质幼嫩,是一道人们十分喜欢吃的菜肴,主要产区为贵州赤水、四川宜宾、福建、江西、浙江、湖南、广西等地,其中贵州赤水因土质和环境等原因,冬笋中草酸含量低可以直接炒,有不过水不麻口的特点。

三、成品标准

鲜虾瓦楞卷成品色彩艳丽,口味咸鲜,馅料弹牙,外皮软糯。

四、制作准备

❶ 设备与工具

（1）设备：操作台、案板、炉灶、蒸锅、电子秤等。

（2）工具：不锈钢面盆、长筷子、手勺、片刀、螺纹擀面杖、餐盘等。

❷ 原料与用量

（1）皮料：澄面 500 g、生粉 150 g、沸水 180 g、盐 7.5 g、猪油 30 g、菠菜叶 200 g、红胡萝卜 100 g。

（2）馅料：基围虾肉 400 g、冬笋 100 g、火腿 50 g、肥膘肉 100 g、蛋清 50 g。

（3）装饰料：香菜叶、胡萝卜末。

（4）调味料：料酒 25 g、香油 20 g、胡椒粉 2 g、盐 10 g、味精 5 g、葱末 10 g、姜末 5 g、白糖 4 g。

五、制作过程

1. 将菠菜叶加水打成菠菜汁。

2. 红胡萝卜切片,放入蒸锅蒸熟。

3. 菠菜汁倒入盆中加热,至滚开取表面叶绿素。

4. 蒸熟的红胡萝卜打成泥。

5. 将叶绿素倒入澄面中,将其烫熟。

6. 将红胡萝卜泥加入澄面中,将其烫熟。

7. 将剩余澄面烫熟。

8. 将烫好的绿色、橙色、白色面团放在案板
上,盖保鲜膜饧 40 min。

9. 基围虾切成小粒。

10. 冬笋切丝烫透。

11. 肥膘肉切粒,火腿切末。

12. 鲜虾粒、肥膘粒、火腿末、冬笋丝混合,加
入蛋清和所有调料拌匀。

13. 准备好装饰料,胡萝卜末和香菜叶。

14. 将三种颜色的面团搓成条,叠压在一起。

15. 用螺纹擀面杖擀成澄面皮。

Note

16. 用擀好的澄面皮包馅料。

17. 放入笼屉中。

18. 点缀胡萝卜末和香菜叶。

19. 将包好的鲜虾瓦楞卷放入蒸锅蒸 10 min。

20. 出锅后装盘点缀。

六、任务检测

（1）澄面又称澄粉、汀粉、＿＿＿＿＿＿淀粉，是一种＿＿＿＿＿＿的面粉，成分为小麦，可用来制作各种点心，如虾饺、粉果、肠粉等。澄面是加工过的面粉，用水漂洗后，把面粉里的＿＿＿＿＿＿与其他物质分离出来，粉筋成为面筋，剩下的就是澄面。

（2）红胡萝卜生长周期＿＿＿＿＿＿～＿＿＿＿＿＿天，中早熟，10～12 片叶，叶色浓绿。

（3）基围虾，又称麻虾、＿＿＿＿＿＿等，分布于＿＿＿＿＿＿东海岸、中国＿＿＿＿＿＿与＿＿＿＿＿＿、菲律宾、马来西亚、印度尼西亚及澳大利亚，具有较高的营养价值和经济价值。

（4）冬笋是＿＿＿＿＿＿前后由毛竹（楠竹）的＿＿＿＿＿＿侧芽发育而成的笋芽，因尚未出土，笋质幼嫩，是一道人们十分喜欢吃的菜肴。

参考答案

Note

七、评价标准

评价内容	评价标准	满分	得分
成形手法	鲜虾瓦楞卷的搅、拌、揉、擀、卷等手法正确	10	
成品标准	鲜虾瓦楞卷成品色彩艳丽,口味咸鲜,馅料弹牙,外皮软糯	10	
装盘	成品与盛装器皿搭配协调,造型美观	10	
卫生	工作完成后,工位干净整齐,工具清洗干净并摆放入位	10	
合计		40	

八、拓展任务

莲蓉水晶饼的制作

（1）原料。

①皮料:澄面 500 g、生粉 100 g、白糖 350 g、融化猪油 40 g、沸水 700 g。

②馅料:莲蓉馅 800 g。

（2）制作方法。

①澄面、生粉入盆拌匀,加入沸水,迅速搅拌均匀,加盖焖 1 min,趁热揉匀,加入白糖,揉匀,最后加入融化猪油揉光滑即成坯团。

②将坯团和莲蓉馅各分成 50 份,用剂子包上馅收紧封口,扑上少量生粉,放入晶饼模中用力压紧压实,扣出,上笼蒸透即成。

（3）操作关键。

①澄面要烫透,要揉均匀,包馅要趁热。

②成形时用力必须均匀,使其饼形完整。

③蒸时用旺火,蒸 6～7 min 至熟透即可。

（4）成品标准:晶莹透亮,香甜爽滑。

芝士奶黄饺的制作

（1）原料：晶饼皮 1 000 g、吉士粉 100 g、椰丝 500 g（实耗 75 g）、鸡蛋 350 g、白糖 500 g、黄油 120 g、澄面 300 g、生粉 100 g、鲜牛奶 500 g、热水 100 g。

（2）制作方法。

①白糖、澄面、生粉入盆和匀，加入鸡蛋，边加边搅拌，再加入热水拌匀，然后加入黄油、鲜牛奶和吉士粉搅拌均匀至呈稀糊状。

②将拌好的稀糊上笼蒸熟，边蒸边搅拌，每 3 min 搅拌 1 次，蒸至熟透为止，即为奶黄馅。

③将晶饼皮加吉士粉 60 g 擦揉均匀，包入奶黄馅，捏成角形，放入已刷油的蒸格上，上蒸锅蒸约 5 min，然后取出趁热粘上椰丝即成。

（3）操作关键。

①包馅要包严，以防漏馅，形状要美观，角形要自然。

②粘椰丝时要趁热，否则冷后沾不均匀。

（4）成品标准：色泽黄而透明，馅料正中，甜香爽口。

任务九 船点天鹅、兔子、大虾

一、任务描述

内容描述

船点天鹅、兔子、大虾是以澄面、生粉为主要原料的典型杂粮食品。船点天鹅、兔子、大虾的特点是造型美观、色彩艳丽、形态逼真、口味香甜、质地软糯。在面点厨房中,利用澄面、生粉、沸水、盐、猪油制成特殊面皮,配以莲蓉馅,采用搅、拌、揉、擀、包、镶嵌等手法制成船点天鹅、兔子、大虾,用蒸锅蒸制成形。

学习目标

(1)了解船点的相关知识。

(2)能够利用船点天鹅、兔子、大虾的原料比例,调制特殊的杂粮面团。

(3)能够按照制作流程,在规定时间内完成船点天鹅、兔子、大虾的制作。

(4)培养学生良好的卫生习惯,并遵守行业规范。

二、相关知识

❶ 船点的定义及特点

清人笔记《桐桥倚棹录》记录当年苏州船宴的情景,"画舫的船制甚宽,艄舱有灶,酒茗肴馔,任客所指。宴舱栏楯桌椅,竞尚大理石,以紫檀红木镶嵌。门窗又多雕刻黑漆粉地书画。陈设有自鸣钟、镜屏、瓶花,位置务精。茗碗、唾壶以及杯箸肴馔,无不精洁。游宴时,歌女弹琴弄弦,清曲助兴;船行景移之中,两岸茉莉花、珠兰花浓香扑鼻,酒尚没有醉人,花香先已令人陶醉,夜宴开始,船头羊灯高悬,灯火通明;船内凫壶劝客,行令猜枚,纵情行乐,迨至酒阑人散,剩下一堤烟月斜照。"

Note

苏式船点是江苏地区传统名点,相传起源于明代,当时采用米粉和面粉捏成各种动、植物形象,在游船上作为点心供应,因而得名。后经名师精心研究,专以米粉为原料,制作出的船点精巧玲珑,既可品尝,又可观赏。船点的馅料,甜的有玫瑰、豆沙、糖油、枣泥等,咸的有火腿、葱油、鸡肉等。一般动物品种用咸馅,植物品种用甜馅。

❷ 莲子的介绍

莲子为睡莲科植物莲的干燥成熟种子,分布于我国南北各省,具有补脾止泻,止带,益肾涩精,养心安神之功效,常用于脾虚泄泻,带下,遗精,心悸失眠。

三、成品标准

船点天鹅、兔子、大虾的成品造型美观、色彩艳丽、形态逼真、口味香甜、质地软糯。

四、制作准备

❶ 设备与工具

(1) 设备:操作台、案板、炉灶、蒸锅、电子秤等。

(2) 工具:不锈钢面盆、长筷子、手勺、片刀、餐盘等。

❷ 原料与用量

(1) 皮料:澄面 250 g、生粉 50 g、沸水 400 g、猪油 10 g、白糖 10 g 等。

(2) 馅料:莲蓉馅 100 g。

五、制作过程

天鹅的制作

船点天鹅、
兔子、大虾
捏荷叶
成形手法

船点天鹅、
兔子、大虾
捏天鹅
成形手法

1. 将澄面倒入盆中。

2. 用沸水将澄面烫熟。

3. 烫熟的澄面中加入猪油揉均匀。

4. 熟澄面中加入叶绿素和红菜头汁揉成红、绿面团,用绿色、红色面团制作出荷叶、荷花和太阳。🖥

5. 用白色面团包入莲蓉馅,捏出鹅颈、鹅头。

6. 用红色面团捏出鹅冠。

7. 用白色面团做出两侧鹅翅膀。

8. 船点天鹅制作完成。🖥

9. 上锅蒸 3 min 即可装盘。

Note

兔子的制作

1. 取熟澄面包入莲蓉馅，将一头捏尖。
2. 用工具将兔耳朵分开。
3. 将兔子耳朵搓圆，用工具按出耳朵纹路。
4. 用工具做出兔子嘴。
5. 用红色面团捏出安上兔子眼睛。🖥
6. 船点兔子制作完成，上锅蒸 3 min 即可。
7. 点缀装盘即可。🖥

大虾的制作

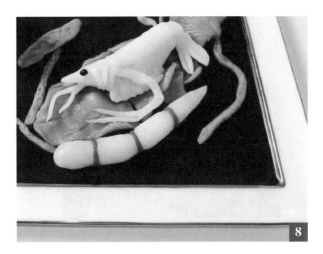

船点天鹅、
兔子、大虾
捏大虾
成形手法

1. 取熟澄面包入莲蓉馅。

2. 将口收紧捏扁。

3. 用工具剪出虾须。

4. 用黑色面团捏出大虾眼睛。

5. 用工具压出虾壳纹路。

6. 捏出虾尾。

7. 将大虾上锅蒸 3 min。

8. 点缀装盘即可。

六、营养成分分析

　　每 100 g 莲子的营养成分：热量 352.9 kcal，蛋白质 19.2 g，脂肪 2.1 g，碳水化合物 64.2 g，膳食纤维 10.1 g，钠 121 mg，维生素 B_2 0.15 mg，维生素 E 1.00 mg，维生素 B_1 0.18 mg，维生素 C 2.0 mg，烟酸 1.80 mg，磷 626 mg，铁 4.4 mg，钙 122 mg。

七、任务检测

　　（1）苏式船点是＿＿＿＿＿＿＿地区传统名点，相传起源于＿＿＿＿＿＿＿代，当时采用米粉和面粉

参考答案

Note

捏成各种动、植物形象,在＿＿＿＿＿＿作为点心供应,因而得名。

（2）莲子为睡莲科植物莲的干燥＿＿＿＿＿＿,分布于我国＿＿＿＿＿＿各省,具有
＿＿＿＿＿＿,止带,益肾涩精,＿＿＿＿＿＿之功效,常用于脾虚泄泻,带下,遗精,心悸失眠。

八、评价标准

评价内容	评价标准	满分	得分
成形手法	船点天鹅、兔子、大虾的搅、拌、揉、擀、包、镶嵌等手法正确	10	
成品标准	天鹅、兔子、大虾的成品造型美观、色彩艳丽、形态逼真、口味香甜、质地软糯	10	
装盘	成品与盛装器皿搭配协调,造型美观	10	
卫生	工作完成后,工位干净整齐,工具清洗干净并摆放入位	10	
合计		40	

九、拓展任务

潮州粉果的制作

（1）原料:生粉 300 g、澄面 50 g、鲜虾 100 g、猪前腿肉 200 g、叉烧 50 g、干虾米 50 g、香菇 50 g、花生仁 100 g、韭菜 25 g、盐 8 g、白糖 5 g、鸡精 5 g、香油 3 g、生抽 35 g、食用油 100 g、水淀粉 75 g 等。

（2）制作方法。

①用温水泡发香菇,洗净后去蒂、切碎粒;猪前腿肉洗净,切碎粒;鲜虾去除虾壳、虾肠,洗净后切丁,沥干水分;干虾米洗净,沥干水分,切碎;韭菜洗净,切碎;叉烧切丁;花生仁炒熟,搓去外衣,放入搅拌机中搅碎。

②锅烧热,倒入少许色拉油,先下猪前腿肉、鲜虾、干虾米煸炒出香味,然后放入叉烧、香菇粒、花生碎,加入盐、白糖、鸡精、香油、生抽翻炒,再倒入少许水淀粉勾芡,出锅后放入韭菜拌匀,制成馅料。

③用 50 g 生粉与澄面混匀,加入 100 mL 清水,搅拌均匀,加入 100 mL 沸水搅拌,将粉浆烫熟,再加入 300 mL 沸水,浸泡 1 min,让其熟透。（提示:所用沸水必须是刚烧开的,并且一定要将粉浆烫熟。）

④倒掉沸水,将面团放入 250 g 生粉中,用压叠的方法,将生粉与面团搓匀。覆盖保鲜膜,保持面团的湿润度。

⑤案板上撒少许生粉，将面团搓成大小均匀的长条，切成每个约 20 g 重的剂子。将剂子搓圆后，擀成中间厚、四周薄的圆形面皮。

⑥在面皮中间放入适量馅料，对折捏紧呈鸡冠形。用同样的方法包制完粉果生坯。

⑦笼屉内铺上油纸或润湿的纱布，将生坯整齐放入，每两个生坯之间保持一定的间隔。蒸锅内倒入适量清水，大火烧开后，放入笼屉，蒸约 3 min 即可。（提示：粉果蒸熟后可刷少许食用油，以增加光泽度。）

红桃粿的制作

（1）原料：糯米粉 1500 g、糯米 1000 g、花生仁 300 g、虾米 150 g、香菇 300 g、萝卜干 50 g、芹菜 2 g、盐 5 g、五香粉 10 g、鸡精 5 g、红色食用色素 5 g、色拉油 25 g。

（2）制作方法。

①提前一夜用清水浸泡花生仁，搓去外衣，洗净剁碎；将萝卜干用清水浸泡 1 h，洗净切丁；香菇用清水浸泡 0.5 h，洗净后去蒂、切碎；将芹菜洗净、切碎；将虾米洗净，沥干水分后切碎。

②锅烧热，倒入适量色拉油，放入虾米、萝卜干、香菇炒香，出锅备用。

③将糯米洗净，煮熟后倒入花生仁焖 20 min，放入炒好的配料，加入盐、五香粉、鸡精调味，拌入芹菜末，制成馅。

④在糯米粉中倒入 1500 g 沸水，用筷子沿同一方向搅拌。稍微晾凉后，倒入少许色拉油，快速搓成表面光滑的面团。（提示：加入色拉油的目的是使面团不黏手。）一点点地往面团中加入红色食用色素，继续揉搓至面团均匀呈现淡淡的粉红色。

⑤将面团分成数个等大剂子，每个约重 60 g，搓圆后稍压扁，擀成圆形粿皮，包入适量馅，用虎口围紧面皮边缘，逐渐向上收口，再放入粿印中，用手掌压平，使其填满粿印，倒扣在盘子上，制成生坯。

⑥在笼屉内铺上油纸或润湿的纱布，将生坯整齐放入笼屉中，每两个生坯之间要保持一定的距离。

⑦把笼屉放入蒸锅，大火烧开后，蒸 15 min 左右即可。

任务十　翡翠白菜

扫码看课件

一、任务描述

内容描述

翡翠白菜是以澄面、糯米粉为主要原料的典型杂粮食品。翡翠白菜成品形态逼真，色泽白绿相间，口感软糯，馅料清鲜可口。在面点厨房中，利用水、黄油、白糖、澄面、糯米粉制成特殊面皮，配以黄瓜馅，采用搅、拌、揉、擀、包、镶嵌等手法制成翡翠白菜，用蒸锅蒸制成形。

学习目标

（1）了解翡翠白菜的相关知识。

（2）能够利用翡翠白菜的原料比例，调制特殊的杂粮面团。

（3）能够按照制作流程，在规定时间内完成翡翠白菜的制作。

（4）培养学生良好的卫生习惯，并遵守行业规范。

二、相关知识

❶ 象形点心的定义及特点

在点心制作过程中，较有生活情趣的算是象形点心，它利用瓜果蔬菜汁或泥等基本食材做辅助原料，根据人们日常生活中吃到、看到的物品，完全手工制作成这些物品。象形点心在江南一带也算是一道名点，既能看又能吃，而且也是装饰盘面的材料，因为需要完全的手工制作，所以会做的人比较少，这也就给其推广增加了难度。要坚持不懈练习一两个月才能有一点方向感，半年才能熟悉它的一些基本手法，整整一年才能掌握好其技法。据考察，北方的点心历史悠久，南方的历史较短，古者可能还有唐宋遗制，新的仅由明朝中叶留传至今。点心铺招牌上有常用的两句话，北方可以称为"官礼茶食"，南方则是"嘉湖细点"。

❷ 黄瓜的简介

黄瓜属于葫芦科一年生蔓生或攀援草本植物。花冠黄白色，花冠裂片长圆状披针形。果实长圆形或圆柱形，成熟时黄绿色，表面粗糙。种子小，狭卵形，白色，无边缘，两端近急尖。花果期

Note

为夏季。中国各地普遍栽培黄瓜,且许多地区均有温室或塑料大棚栽培,现广泛种植于温带和热带地区。黄瓜为中国各地夏季主要菜蔬之一,茎藤药用,能消炎、祛痰等。

❸ 黄瓜的营养功效

抗肿瘤:黄瓜中含有的葫芦素 C 可提高人体免疫功能,达到抗肿瘤目的。此外,该物质还可治疗慢性肝炎和迁延性肝炎,对原发性肝癌患者有延长生存期作用。抗衰老:黄瓜中含有丰富的维生素 E,可起到延年益寿、抗衰老的作用;黄瓜中的黄瓜酶,有很强的生物活性,能有效地促进机体的新陈代谢。用黄瓜捣汁涂擦皮肤,有润肤、舒展皱纹功效。防酒精中毒:黄瓜中所含的丙氨酸、精氨酸和谷氨酰胺对肝病患者,特别是酒精性肝硬化患者有一定辅助治疗作用,可防治酒精中毒。降血糖:黄瓜中所含的葡萄糖苷、果糖等不参与通常的糖代谢,故糖尿病患者可以黄瓜代淀粉类食物充饥,血糖不仅不会升高,甚至会降低。减肥强体:黄瓜中所含的丙醇二酸,可抑制糖类物质转变为脂肪。此外,黄瓜中的纤维素对促进人体肠道内腐败物质的排出和降低胆固醇有一定作用,能强身健体。健脑安神:黄瓜含有维生素 B_1,对改善大脑和神经系统功能有利,能安神定志,辅助治疗失眠症。

三、成品标准

翡翠白菜成品形态逼真,色泽白绿相间,口感软糯,馅料清鲜可口。

四、制作准备

❶ 设备与工具

(1)设备:操作台、案板、炉灶、蒸锅、电子秤等。

(2)工具:不锈钢面盆、长筷子、手勺、片刀、擀面杖、餐盘等。

❷ 原料与用量

(1)菜帮:水 125 g、黄油 12 g、白糖 25 g、澄面 100 g、糯米粉 25 g 等。

(2)绿叶:白叶 1.8 g、小叶 1 g、大叶 2 g。

(3)馅料:黄瓜馅(黄瓜泥 300 g、黄油 50 g、抹茶粉 10 g、水淀粉 75 g、白糖 50 g)。

五、制作过程

翡翠白菜
原料介绍

翡翠白菜白
菜叶脉成形

翡翠白菜绿
色面团和制

翡翠白菜
白菜成形

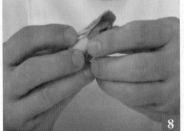

1. 原料准备。

2. 澄面中加入沸水。

3. 揉成面团后饧 20 min。

4. 将面团揉至表面光滑。

5. 取白色面团制成叶脉。

6. 切好的白色叶脉。

7. 将叶脉放在绿色叶上。

8. 将白菜叶包裹在馅料上。

9. 用毛笔刷上可可粉,形似泥土。

10. 装盘点缀即可。

六、营养成分分析

(1) 每 100 g 黄瓜的营养成分:热量 13.9 kcal,蛋白质 0.8 g,脂肪 0.1 g,碳水化合物 2.1 g,膳食纤维 0.7 g,维生素 A 9 mg,维生素 E 0.13 mg,维生素 B_1 0.02 mg,维生素 B_6 0.04 mg,维生素 C 9 mg,烟酸 0.20 mg,磷 25 mg,铁 0.2 mg,钠 7 mg,钾 136 mg。

Note

七、任务检测

（1）据考察，北方的点心历史_____，南方的历史_____，古者可能还有唐宋遗制，新的仅由明朝中叶留传至今。点心铺招牌上有常用的两句话，北方可以称为"_____"，南方则是"_____"。

（2）中国各地普遍栽培黄瓜，且许多地区均有温室或塑料大棚栽培，现广泛种植于_____和_____地区。黄瓜为中国各地_____季主要菜蔬之一，茎藤药用，能_____、_____等。

参考答案

八、评价标准

评价内容	评价标准	满分	得分
成形手法	翡翠白菜的搅、拌、揉、擀、包、镶嵌等手法正确	10	
成品标准	翡翠白菜成品形态逼真，色泽白绿相间，口感软糯，馅料清鲜可口	10	
装盘	成品与盛装器皿搭配协调，造型美观	10	
卫生	工作完成后，工位干净整齐，工具清洗干净并摆放入位	10	
	合计	40	

九、拓展任务

鱼饺的制作

（1）原料：鳗鱼肉 300 g、猪肥肉 60 g、猪瘦肉 140 g、虾米 20 g、荸荠 50 g、葱白 10 g、鱼露 15 g、香油 5 g、淀粉 20 g、色拉油 20 g、盐 5 g、鸡精 5 g 等。

（2）制作方法。

①将猪肥肉和猪瘦肉分别洗净，剁碎；虾米洗净，沥水后剁碎；荸荠去皮，洗净，切碎；葱白洗净，切碎。

②炒锅烧热，倒入适量色拉油，烧至七成热，放葱白略翻炒，下猪肉末翻炒出香味，再倒入虾米和荸荠碎，翻炒至断生，调入盐、鸡精、鱼露、香油，关火盛出，放凉，做成馅料。

Note

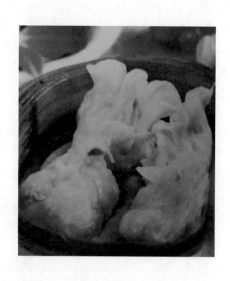

③鳗鱼宰杀洗净,取300 g肉,剔除鱼刺和筋条,用刀背将鱼肉剁碎,然后用手抓起鱼蓉用力摔在案板上,如此反复多次,以增强其黏性。鱼蓉起胶后,撒入适量盐,用手抓匀,分成20个等大的剂子。

④另取一干净案板,撒上薄薄一层淀粉,将剂子分别擀成圆形饺子皮。在饺子皮中包入适量的馅料,对折捏紧成半圆形,再将两端内扣捏成"元宝"状,放入笼屉,每两个鱼饺之间留一定距离。

⑤蒸锅加适量水,放入笼屉,加盖后,大火烧开,改小火蒸约10 min即可。

艾粄的制作

(1)原料:田艾叶300 g、糯米粉600 g、大米粉200 g、花生仁200 g、黑芝麻100 g、花生油100 g、白糖100 g等。

(2)制作方法。

①将芭蕉叶洗净,剪成小块。

②锅烧热后,倒入花生仁炒香,至表面略发黑时出锅。晾至稍凉,搓去外衣,倒入搅拌机,搅成碎粒。

③将黑芝麻洗净沥干,倒入热锅中炒香。将花生粒、黑芝麻和白糖混匀,制成馅料。

④将田艾叶洗净,放入350 g沸水中煮熟后,捞出沥干,留水备用。将煮好的田艾叶放入搅拌机,搅成泥状。

⑤将煮田艾叶的水倒入糯米粉中,用筷子沿同一方向搅拌。再均匀地加入大米粉、田艾叶泥,倒少许花生油,反复揉搓,揉成表面光滑的面团。

⑥将面团分成等大的剂子,搓圆后略压扁,用两手捏成稍厚的面皮,包入适量的馅料,用虎口围紧面皮边缘,逐渐向上收口,将封口朝下放置,制成艾粄生坯。

⑦在笼屉内铺上芭蕉叶,将艾粄生坯放在芭蕉叶上,每两个生坯间留一定间隔。

⑧入蒸锅,大火蒸约20 min即可。

京派创意面点装饰花

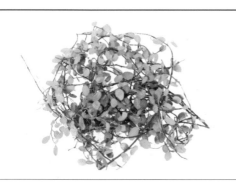

1. 千叶吊兰

　　千叶吊兰是蓼目蓼科千叶兰属植物。多年生常绿藤本,呈匍匐状,茎红褐色或黑褐色。原产于新西兰,中国长江三角地区有栽培。

2. 火红苗

　　火红苗又名苋菜,是一种营养价值极高的蔬菜,含有较多的铁、钙等矿物质元素,同时含有较多的胡萝卜素和维生素 C。

3. 香菜苗

　　香菜,又名胡荽,为双子叶植物纲的一种植物,是人们熟悉的提味蔬菜,状似芹,叶小且嫩,茎纤细,味香郁,是汤中的佐料,多用于作凉拌菜佐料,或烫料,或在面类菜中提味。

4. 三色堇

　　三色堇是堇菜科堇菜属的二年或多年生草本植物。三色堇是欧洲常见的野花,也常栽培于公园中,是冰岛共和国、波兰共和国的国花。花通常每朵有紫、白、黄三色,故名三色堇。

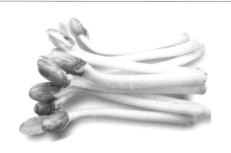

5. 花生芽

　　花生芽是花生生芽后产生的一种食疗兼备的食品,也叫长寿芽,富含蛋白质、粗脂肪、维生素以及钾、钙、铁、锌等矿物质元素,被誉为"万寿果芽"。

6. 酸模叶

　　酸模叶,中药名,为蓼科植物酸模的茎叶,全国大部分地区有分布,具有泻热通便、利尿、凉血止血、解毒之功效。

| 7. 百里香 | 8. 琉璃苣 |

7. 百里香

百里香，半灌木，叶为卵圆形，花序头状，可作为食材，欧洲烹饪常用香料，味道辛香，常加在炖肉、蛋或汤中。欧洲传统上认为百里香象征勇气，所以中世纪经常将它赠给出征的骑士。

8. 琉璃苣

琉璃苣是紫草科琉璃苣属植物，一年生草本芳香植物，在欧洲和北美广泛栽培，中国甘肃省金昌市有引种栽培，是集食用、药用、观赏、美容及保健等多种功能于一身的特色多用芳香植物。

9. 睡莲花

睡莲又名水百合，原产于亚洲、美洲和澳洲，观赏型植物。花单生，浮于或挺出水面，花瓣通常 8 片。花大、美丽，白天开花，夜间闭合。

10. 玉米苗

玉米苗为玉米的幼苗，富含纤维素、维生素以及蛋白质和碳水化合物，其性甘，经常食用可降低血液胆固醇含量和调节脾胃。

Note

11．迷迭香

迷迭香,是双子叶植物纲唇形科迷迭香属植物。性喜温暖气候,原产于欧洲地区和非洲北部地中海沿岸。远在曹魏时期就曾引种中国,园林中偶见。

12．羊齿叶

羊齿是一种蕨类植物。高山羊齿是一种适合用作切叶的蕨类植物,大量用于插花,原产于危地马拉,于二十世纪九十年代引入中国。

13．薄荷叶

薄荷叶,味清凉,主要含薄荷油、薄荷醇以及薄荷酮等成分。常用于制作料理或甜点,以去除鱼及羊肉腥味,或搭配水果及甜点,用以提味。

14．蓝绣球

蓝绣球是国家林木种质资源平台进行优化整合的多年生植物的种质资源,该种是芍药科芍药属牡丹的选育品种。来源地是山东菏泽百花园。

15．情人草

一般指舞草，直立小灌木，高达 1.5 m。茎单一或分枝，无毛。叶为三出复叶，顶生小叶长椭圆形或披针形，侧生小叶很小，长椭圆形、线形或有时无。主要分布在中国、印度、尼泊尔、不丹、斯里兰卡。

16．旱金莲

旱金莲，双子叶植物纲旱金莲科旱金莲属植物，为多年生的半蔓生或倾卧植物。株高 30～70 cm。基生叶具长柄，叶片五角形，三全裂，二回裂片有少数小裂片和锐齿。花单生或 2～3 朵成聚伞花序，花瓣 5 片，萼片 8～19 枚，黄色，椭圆状倒卵形或倒卵形，花瓣与萼片等长，狭条形。旱金莲漂亮的红、橙、绿色能把盘子装饰得很美观。

17．跳舞兰

跳舞兰，又名文心兰、舞女兰、金蝶兰等，叶片 1～3 枚，可分为薄叶种、厚叶种和剑叶种。

18．树莓

树莓，又名山莓、山抛子、牛奶泡等。多生在向阳山坡、山谷、荒地、溪边和疏密灌丛中的潮湿处，尚未由人工引种栽培。

Note

19. 黄菊花

黄菊花,菊科,越年生草本。茎蔓长而细柔,叶小有托叶。黄菊花味道稍苦,清热能力强,常用于散风热,如果上火、口腔溃疡,用它泡水能败火。

20. 欧芹

欧芹,是伞形科欧芹属植物,光滑。根纺锤形,有时粗厚。茎圆形,稍有棱槽,高可达100 cm,原产于地中海地区,欧洲栽培历史悠久,世界各地均有分布。

21. 木槿花

木槿花,朝开暮落花,为锦葵科木槿属落叶灌木,树皮灰褐色,分枝多、角度小,树姿较直立,作蔬菜种植时以纯白色、淡粉红色的重瓣种为佳。

22. 黄金柳芽

柳芽是柳树的嫩芽,有一定的营养价值和药用价值,口感较好,具有清热解毒、祛风化痰之功效。

23. 莳萝花

莳萝，又称洋茴香，是伞形科莳萝属中的一种植物，为一年生草本植物，原产于西亚，后西传至地中海沿岸及欧洲各地，现今地中海和东欧为主要的产地，外形类似茴香，黄色小花呈伞状分布，叶为针状分针。香气近似香芹，但更浓烈一些，味道辛香甘甜，温和而不刺激。

24. 薰衣草

薰衣草，双子叶植物纲唇形花科薰衣草属的多年生常绿小灌木。原产于地中海沿岸地区（文献指出薰衣草原产于波斯（现今伊朗）与加那利群岛）。叶片狭窄，灰绿色，茎直立，在国外夏秋季节开花，为穗状花序，花序长 5～15 cm，花色因品种而异，有蓝、淡紫、紫、浓紫及白色等，以蓝色最普遍。

25. 小青柠

小青柠是柠檬的一种，主要作榨汁用，有时也用作烹饪调料，但基本不用作鲜食。海南、云南的小青柠是柠檬中的精品，皮薄汁多，气味清淡。

26. 网纹叶

网纹叶的植株网纹草属爵床科多年生常绿草本植物。植株矮小，匍匐生长，叶十字对生，卵形或椭圆形，叶面具细致网纹。

27. 矢车菊

矢车菊又名蓝芙蓉、荔枝菊,属菊科矢车菊属一年生或二年生草本植物,高可达70 cm,直立,分枝,茎枝灰白色,基生叶,顶端排成伞房花序或圆锥花序。总苞椭圆状,盘花,蓝、白、红或紫色,其中紫、蓝色最为名贵。瘦果椭圆形,花果期2—8月。

28. 枫叶

枫叶是枫树的叶子,一般为掌状五裂,长约13 cm,宽度略大于成人手掌,裂片具少数突出的齿,基部为心形,叶面粗糙,上面为中绿至暗绿色,下面叶脉上有毛,秋季变为黄色至橙色或红色,但少数地区为深、暗绿色。

29. 油菜花

油菜又叫芸薹,因颜色鲜艳,常被用作摆盘花草,属十字花科芸薹属二年生草本植物,高可达90 cm。茎粗壮,无毛或近无毛,基生叶大头羽裂,顶裂片圆形或卵形,边缘有不整齐弯缺牙齿,叶柄宽,基部抱茎;下部茎生叶羽状半裂,花鲜黄色,萼片长圆形,花瓣倒卵形,果瓣有中脉及网纹,萼直立,种子球形,3—4月开花,5月结果。分布于中国陕西、江苏、安徽、浙江、江西、湖北、湖南、四川、甘肃等地。

30. 红加仑

红加仑,是红醋栗的俗称,又名红茶藨子,原产于欧洲。其成熟果实为红色透亮之小浆果,内富含维生素 C、花青素。

31. 石竹梅

石竹梅,属石竹科的多年生草本,原产地为南欧,多分布于中国华南较热地区。

32. 茉莉花

茉莉花,属木樨科素馨属直立或攀援灌木,高达 3 m。茉莉花极香,为著名的花茶原料及重要的香精原料;花、叶药用于治目赤肿痛,并有止咳化痰之效。

33. 豆苗

豌豆的嫩茎叶,蔬菜的一种,又名豌豆尖、龙须菜、龙须苗,是以蔬菜豌豆的幼嫩茎叶、嫩梢作为食用部位的一种绿叶菜。

34. 甜菜苗

甜菜苗为甜菜嫩苗。甜菜是除甘蔗以外的一个主要蔗糖来源,原产于欧洲西部和南部沿海,从瑞典移植到西班牙,中国主要分布在新疆、黑龙江、内蒙古等地。

35. 四叶草

四叶草是车轴草属植物(包括三叶草属和苜蓿草)的稀有变种,也有五叶以上,最多是十八叶。在西方,人们认为能找到四叶草是非常幸运的表现。

36. 金钮扣

金钮扣又名千日菊,为菊科金钮扣属的一年生草本植物。茎直立或斜升,高 15～70 (80) cm,多分枝,带紫红色,有明显的纵条纹,被短柔毛或近无毛。叶柄长 3～15 mm,被短毛或近无毛。头状花序单生,或圆锥状排列,卵圆形,有或无舌状花;花序梗较短。

37. 石竹花

石竹得名于其茎具节,膨大似竹。石竹花又名洛阳花、石柱花,是石竹科石竹属的多年生草本植物,是我国传统名花之一。石竹花种类较多,花色鲜艳,花期也长,盛开时五颜六色,绚丽多彩。

38. 紫锥花

紫锥花又名松果菊、紫锥菊。它在美国是很受欢迎的药用草本植物,也是畅销的保健食品之一。其含有烷酰胺、多糖类、糖蛋白等有效成分,最近的研究中陆续发现紫锥花有抗菌作用,能抗细菌、抗病毒与抗炎症等,对尿道感染、疼痛、水肿、鼻黏膜干燥及过敏等症状都有作用。在德国,紫锥花是合法医药品,能预防流行性感冒。

Note

華中科技大學出版社
http://press.hust.edu.cn

华中科技大学出版社
http://press.hust.edu.cn

华中科技大学出版社
http://press.hust.edu.cn

华中科技大学出版社
http://press.hust.edu.cn

华中科技大学出版社
http://press.hust.edu.cn

职业教育烹饪（餐饮）类专业"以工作过程为导向"
课程改革"纸数一体化"系列精品教材

专业核心课程
现代厨师必修
中餐烹饪原料加工工艺
中餐热菜制作工艺
中餐面点制作工艺
中餐冷菜制作工艺
西餐热菜制作工艺
西餐面点制作工艺
西餐冷菜制作工艺
西餐基础厨房
西餐烹饪原料与营养
餐饮成本核算实务
西餐烹饪英语

专业选修课程
京派创意面点
面塑工艺

综合实训课程
宴会综合实训

企业课程
大董烹饪色彩美学
大董中国意境菜
大董美食随笔

职业模块课程
烹饪语文
服务语文
烹饪数学
中餐烹饪英语
烹饪体育
职业精神与职业素养
餐饮创业必备信息技术素养

策划编辑◎汪飒婷　责任编辑◎汪飒婷　李艳艳　封面设计◎原色设计

华中科技大学出版社
E-mail: nutrimedhustp@126.com

ISBN 978-7-5680-8884-8
9 787568 088848 >

华中出版　　天猫旗舰店　　食在微信公众号

定价：69.80元